U0645334

虚拟现实技术基础

主编 郭超 杨祯明

清华大学出版社

北京

内 容 简 介

本书根据虚拟现实技术专业的教学目标和产业对人才的知识储备要求,设计了7个项目,内容涵盖虚拟现实的概念、技术体系、应用案例,以及增强现实、全息投影、虚拟数字人、全景制作等技术领域。各个项目内容彼此独立,可单独作为专题工作坊和主题研讨的资料使用。

本书可作为职业院校虚拟现实专业、动漫设计专业、计算机专业等相关课程的配套教材,也可供对虚拟现实领域感兴趣的人士参考学习。

图书在版编目(CIP)数据

虚拟现实技术基础 / 郭超,杨祯明主编 . -- 北京:
清华大学出版社,2025.5. --(面向虚拟现实技术能力
提升新形态系列教材). -- ISBN 978-7-302-68551-7

Ⅰ . TP391.98

中国国家版本馆 CIP 数据核字第 2025BA1427 号

责任编辑:郭丽娜
封面设计:曹 来
责任校对:刘 静
责任印制:宋 林

出版发行:清华大学出版社
　　　　网　　址:https://www.tup.com.cn,https://www.wqxuetang.com
　　　　地　　址:北京清华大学学研大厦 A 座　　　　邮　　编:100084
　　　　社 总 机:010-83470000　　　　　　　　　　邮　　购:010-62786544
　　　　投稿与读者服务:010-62776969,c-service@tup.tsinghua.edu.cn
　　　　质量反馈:010-62772015,zhiliang@tup.tsinghua.edu.cn
　　　　课件下载:https://www.tup.com.cn,010-83470410
印 装 者:三河市龙大印装有限公司
经　　销:全国新华书店
开　　本:185mm×260mm　　　　印　　张:9.25　　　　字　　数:208 千字
版　　次:2025 年 6 月第 1 版　　　　　　　印　　次:2025 年 6 月第 1 次印刷
定　　价:49.00 元

产品编号:098570-01

前　言

虚拟现实技术作为当代科技创新的重要成果之一，已成为工业制造、教育培训等多产业发展的突破口和新技术赋能点，是推动数字经济发展的核心引擎之一。目前，我国虚拟现实产业稳步发展，初步形成了较为完善的产业生态体系，正在进入技术产品迭代升级、与行业深度融合应用的新阶段。

本书注重介绍虚拟现实基础知识，帮助学习者构建虚拟现实技术通识体系，并结合当下的科技创新点，引导学习者辩证思考问题，运用所学知识进行分析。本书为校企合作开发教材，积极响应本专业人才的成长需求，力求内容新颖、叙述简练、阅读体验良好、拓展性强，以实现"懂原理、能分析、会制作、求创新、知热爱"的育人目标。

本书特色如下。

（1）本书从学习者的实际需求出发，突出"学"和"做"的结合，体现职业教育的特征。作者收集了大量虚拟现实产业的时效性数据、产品报告和实践应用案例，精心设计内容，突破了以往虚拟现实概论类书籍以知识为主线的模式，使得本书更适应高职高专的教学特点，也增强了本书和学习者之间的互动性。

（2）本书采用"项目—任务"式编写体例，以任务驱动学习模式，帮助学习者明确学习方向。每个任务包括任务情境描述、学习目标、建议学时、知识加油站、任务实施、课后思考和项目检测几大模块，框架清晰，内容循序渐进，为学习者提供沉浸式、全流程化的学习体验。

（3）本书在编写过程中引入相关职业等级证书的若干知识点和职业技能大赛的部分考点，通过若干任务中知识点的讲解和技能实操，使学习者在接受虚拟现实技术通识教育的同时，也为相关职业等级认证和技能大赛做了准备，践行了书证融通和课赛融通。

（4）本书在构建知识和能力体系的同时，注重学习者素质目标的培养。在每个任务下，均设定与学习者的实际生活和未来职业需求相匹配的素质目标，涵盖思维能力、沟通技巧、情感与自我管理、创新精神和全球视野等方面，以确保教学内容和活动能够有效地促进学生在这些领域的成长和发展，最终助力于学习者的全面发展。

（5）注重"多维度"教学资源的开发，为学习者提供"能施展、享便捷、常迭代"的多频道教学资源库。本书配套的资源已部署在"山东外贸职业学院在线教育综合平台"上，读者可登录网站学习。此外，本书配备了教学课件、素材文件、微课视频、拓展信息包等教学资源，可从清华大学出版社网站免费下载。

本书由郭超、杨祯明任主编，同时特别感谢慧科教育科技集团有限公司提供的各项支持。

由于编者水平有限，书中疏漏之处在所难免，感谢广大师生、读者批评指正，提出宝贵意见。

编　者

2025 年 5 月

目　录

项目 1　虚拟现实技术初探 ···1

任务 1.1　认知虚拟现实概念 ···1

任务 1.2　绘制虚拟现实技术发展史图谱 ···10

任务 1.3　选择适宜的虚拟现实设备 ··15

项目 2　虚拟现实技术体系 ··26

任务 2.1　解读虚拟现实六大底层技术 ··26

任务 2.2　AIGC 技术赋能下的虚拟现实技术发展之路 ··································35

项目 3　虚拟现实应用多点开花 ···41

任务 3.1　VR 赋能教育培训领域 ···41

任务 3.2　VR 赋能工业生产领域 ···51

任务 3.3　VR 赋能融合媒体领域 ···61

项目 4　增强现实解读 ···70

任务 4.1　涉足 AR 领地，探寻虚实奥秘 ···70

任务 4.2　畅想 AR 技术构建的新生活愿景 ··81

项目 5　全息投影的魅力 ··89

任务 5.1　欣赏全息投影在春晚亮相 ··89

任务 5.2　制作简易的全息投影仪 ··97

项目 6　与虚拟数字人共生 ···103

任务 6.1　虚拟数字人"破圈"而来 ··103

任务 6.2　探寻虚拟数字人应用场景 ………………………………………………… 113

项目 7　虚拟现实全景校园漫游制作 ………………………………………………… 119
　　任务 7.1　VR 全景图片拍摄 ………………………………………………………… 119
　　任务 7.2　VR 全景漫游制作 ………………………………………………………… 125

附录 A　掘金未来生态——VR 创业 ………………………………………………… 133

附录 B　虚拟现实技术面临的法律风险和应对措施 ……………………………… 136

参考文献 ……………………………………………………………………………………… 139

虚拟现实技术初探

项目导读

　　虚拟现实（virtual reality，VR）技术，又称灵境技术，是20世纪发展起来的一项全新的实用技术。虚拟现实概念源于科幻小说，由任天堂等游戏厂商开启商业化之路。随着社会生产力和科学技术的不断发展，各行各业对虚拟现实技术的需求日益旺盛。VR技术也取得了巨大进步，并逐步成为一个新的科学技术领域。

任务 1.1　认知虚拟现实概念

情境描述

　　为了纪念中国航天事业成就，发扬中国航天精神，国务院将每年4月24日设立为"中国航天日"，第七个"中国航天日"主题是"航天点亮梦想"。张华作为天文爱好者，去商场体验了针对"航天日"的VR天空之旅活动，用Pico Neo3设备过了一把火星行走之瘾。同时，张华同学对虚拟现实技术产生了浓厚的兴趣和敬畏之心，计划系统地了解一下，针对自己感兴趣的VR主题进行详细探究并制作"VR主题简报"。你可以帮助他选取一个VR主题，并完成简报的制作吗？

学习目标

素质目标	提升科技强国的意识，激发探索发现的热情
知识目标	1. 了解虚拟现实技术和元宇宙之间的关系； 2. 熟识虚拟现实的基本概念； 3. 知晓虚拟现实技术的性质和不同分类
能力目标	1. 能够将虚拟现实概念进行逻辑梳理； 2. 能够针对重点概念进行深度探究，并制作简易报告书

⏰ 建议学时

4 学时。

国内知名 VR 公司概述

📖 知识加油站

一、虚拟现实是什么

1. 概念解读

虚拟现实技术是以计算机技术为主，利用并综合三维图形技术、多媒体技术、仿真技术、传感技术、显示技术、伺服技术等多种高科技的最新发展成果，通过计算机等设备产生一个逼真的三维视觉、触觉、嗅觉等多种感官体验的虚拟世界，从而使处于虚拟世界中的人产生一种身临其境的感觉。在虚拟世界中，人们可直接观察周围世界及物体的内在变化，与其中的物体进行自然的交互，并能实时产生与真实世界相同的感觉，使人与虚拟环境融为一体。

与传统的模拟技术相比，虚拟现实技术的主要特征是：用户能够进入一个由计算机系统生成的交互式的三维虚拟环境中，可以与之进行交互。通过参与者与虚拟环境的相互作用，并利用人类本身对所接触事物的感知和认知能力，启发参与者的思维，全方位地获取事物的各种空间信息和逻辑信息。虚拟现实智慧城市正是基于计算机建模的典型案例，如图 1.1 所示，在虚拟城市环境中，体验者可与虚拟环境之间产生丰富的交互行为。

图 1.1　虚拟现实智慧城市

2. 虚拟现实技术的性质

1993 年，美国科学家 G. Burdea 和 C. Philippe 提出虚拟现实技术特征三角形，即 3I 特征：immersion（沉浸性）、interaction（交互性）、imagination（构想性），如图 1.2 所示。

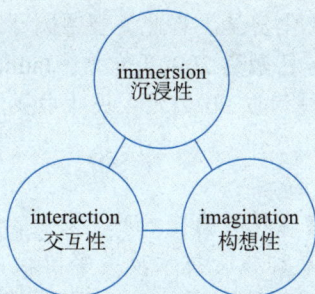

图 1.2　虚拟现实的 3I 特征

沉浸性是指利用计算机产生的三维立体图像，让人置身于一种虚拟环境中，就像在真实的客观世界中一样，给人一种身临其境的感觉。

交互性是指在计算机生成的这种虚拟环境中，人们可以利用一些传感设备进行交互，感觉就像在真实客观世界中一样。例如，当用户用手去抓取虚拟环境中的物体时，手就有握东西的感觉，而且可以感觉到物体的重量。

构想性是指虚拟环境可使用户沉浸其中并获取新的知识，提高感性和理性认识，从而使用户深化概念、萌发新的联想，启发人的创造性思维。

虚拟现实领域专家赵沁平院士提出，以上所述的虚拟现实 3I 特征属于虚拟现实 1.0 时代。随着虚拟现实技术应用领域的不断扩展和深化，特别是数字孪生和互联网 3.0 对虚拟现实技术提出了一系列新的创新需求，推动了虚拟现实进入 2.0 阶段。要支持互联网 3.0，只具有沉浸感、交互性、构想性的虚拟现实 1.0 难以胜任，必须创新发展为具有 5IE 特征的虚拟现实 2.0。5IE，即沉浸感（immersion）、交互性（interaction）、构想性（imagination）、智能化（intelligentize）、互通性（interconnection）和演变性（evolutionary）。

3. 推动虚拟现实产业发展的条件

1）技术——第一动力

芯片、显示、光学、交互等关键技术持续迭代，推动产品升级，提升用户体验满意度。虚拟现实专属芯片（如高通骁龙 XR2）的发展，极大地提高了硬件的算力。设备从需要借助计算机或游戏主机算力的 PC VR 或 VR 盒子，进化到一体机形式，便携性和性能均大幅提升。同时，虚拟现实显示设备的分辨率和刷新率均得到优化，极大地提升了显示的清晰度和流畅性。

2）生态——加速器

从计算机到智能手机再到虚拟现实/增强现实，体现了人机交互方式从图文界面到三维空间、从静态到动态、从命令式到自然交互的变革。近年来科技类大厂纷纷入局虚拟现实产业，扩大了产业发展的深度和广度，并通过完善生态，引导内容与硬件多元化协同，实现了产业的良性发展。

3）资本——助推力

虚拟现实市场的增长可增强投资信心，提升融资并购的活跃度；同时，资金的注入也为产业发展提供了研发和生产资源。2014 年，Facebook 以 20 亿美元收购 Oculus，极大地推动了虚拟现实技术的产业化发展。自此，业界对于虚拟现实创业公司的风险投资逐步增加，如创业公司 Survious 已融资 200 万美元、Jaunt 融资 2800 万美元、Virtuix 融资 270 万美元。2021 年，字节跳动以 90 亿元人民币收购 Pico，也助推了产业迈进和资本活跃度。

4）政策——发展引领

我国高度重视虚拟现实、增强现实的技术产业发展，结合产业发展的客观规律，在产业布局、顶层设计、应用发展和核心技术攻关等阶段，通过一系列相关政策，不断支持鼓励虚拟现实赋能各产业和重点场景，为我国虚拟现实产业的发展保驾护航。在"十四五"期间，虚拟现实和增强现实产业被列为数字经济重点产业，继续释放政策红利。

5）标准——夯实底座

我国不仅通过政策红利引领企业发展，也正在加快构建推动高质量发展的标准体系。以标准助力高技术创新，加快虚拟现实/增强现实硬件、平台、应用等关键环节、关键领域、关键产品等的技术攻关和标准研制应用。产业经过多轮升级迭代，技术和产品逐步迈入成熟期，也正式进入标准制定的黄金时期。

二、虚拟现实技术的分类

根据分类逻辑的不同，虚拟现实技术可以依据呈现特征、技术类型和市场特征进行分类。

1. 按呈现特征分类

依据虚拟现实呈现特征进行分类，可大致分为以下三类。

1）狭义的虚拟现实技术

VR 技术特指狭义的虚拟现实技术，与真实环境尽量脱节，利用 VR 设备模拟产生一个三维的虚拟空间，提供视觉、听觉、触觉等感官的模拟，让用户暂时忘却身处的环境，为其提供身临其境般的感官体验。狭义的虚拟现实技术为用户提供了完全脱离真实环境的场景，如图 1.3 所示，用户虽然身处狭小、封闭的室内空间，但通过 VR 设备却可以在广阔、曼妙的自然环境中遨游。

图 1.3　狭义的虚拟现实技术使用场景

简而言之，狭义的虚拟现实技术就是"无中生有"，在理想的虚拟现实体验中，用户只能感受到虚拟世界，无法看到真实的环境。

2）增强现实技术

增强现实（augmented reality，AR）技术是 VR 技术的延伸，能够把计算机生成的虚拟信息（物体、图片、视频、声音、系统提示等）叠加到现实中并与人实现互动。AR 技术强调虚拟信息和真实场景的结合。如图 1.4 所示，工程师在佩戴了 AR 眼镜之后，不仅能看到周围环境，还可以和虚拟的屏幕信息发生交互。

图 1.4　AR 技术使用场景

简而言之，AR 技术即"锦上添花"。在 AR 技术中，用户既能看到真实世界，又能看到虚拟事物。通常而言，虚拟事物是和真实世界相关联的，是对真实世界的强调、优化和提示。

3）混合现实技术

混合现实（mixed reality，MR）技术是 AR 技术的升级，将虚拟世界和真实世界合成一个无缝衔接的虚实融合世界，其中的物理实体和数字对象满足真实的三维投影关系。如图 1.5 所示，汽车轴承模型以虚拟成像的形式展示，同时在地面上还有投影，和真实物体相比"真假难辨"。

简而言之，MR 即"实幻交织"。在 MR 中，用户难以分辨真实世界与虚拟世界的边界。

2. 按技术类型分类

依据虚拟现实技术类型进行分类，可大致分为以下四类。

1）桌面式虚拟现实技术

采用立体图形技术，在计算机屏幕中产生三维立体空间的交互场景，用户通过输入设备与虚拟世界交互。

2）分布式虚拟现实技术

将多个用户通过计算机网络连接在同一个虚拟世界，共同观察和操作。

图 1.5　MR 技术使用场景

3）沉浸式虚拟现实技术

将用户的听觉、视觉和其他感觉封闭起来，提供完全沉浸的体验，使用户有一种置身于虚拟境界之中的感觉。

4）增强式虚拟现实技术

将真实世界的信息叠加到虚拟现实世界中，使真实世界与虚拟现实世界融为一体。

3. 按市场特征分类

依据虚拟现实市场特征进行分类，可大致分为以下两类。

1）消费级市场

消费级市场集中在视频、游戏场景。2014 年，影视作品开始登陆虚拟现实平台，《星际穿越》在美国四家影院推出 Oculus Rift 虚拟现实头盔特别版，让观众融入浩瀚无边的太空旅行；圣迭戈国际动漫展上，观众通过 Oculus Rift 可以欣赏《环太平洋》和《X战警：逆转未来》的片段。2015 年，第一部完全使用虚拟现实摄影机拍摄的长篇电影在巴尔的摩开拍；北京兰亭数字科技有限公司制作的中国第一部虚拟现实电影《活到最后》也已完成。而游戏领域，虚拟现实技术带来的沉浸感使得玩家们体验逼真，体验感十足。如图 1.6 所示，在虚拟现实技术的加持下，体验者可以获得翱翔太空、在不同星球之间穿梭的沉浸式体验，虚拟现实游戏让星际旅游不再是梦。

2）企业级市场

虚拟现实技术应用广泛，其中在军事训练中应用相当成熟。军事仿真训练是虚拟现实技术主要的应用场景之一，细分类别有特殊环境仿真操作、大型机械仿真培训、军事模拟沙盘、室内射击仿真训练等。此外，在建筑、教育、设计、医疗、展览等领域，虚拟现实技术已有一定程度的应用。如图 1.7 所示，将虚拟现实技术应用于机械专业仿真培训，可为学习者提供自主性强且可重复的实践环节，培训效率优于传统教学模式。

图 1.6　虚拟现实游戏场景（To C 应用）

图 1.7　虚拟现实技术的机械仿真培训场景（To B 应用）

三、虚拟现实技术和元宇宙的关系

1. "元宇宙"的概念来源

元宇宙（metaverse）的概念源于尼尔·斯蒂芬森（Neal Stephenson）的著作《雪崩》（*Snow Crash*），如图 1.8 所示。《雪崩》故事发生在 21 世纪的洛杉矶，距离全球经济崩溃已有数年，洛杉矶不再是美国的一部分，成为财团、黑手党、私人机构等势力控制的信息都市，类似于一种无政府资本主义；物价飞涨、美元贬值、虚拟货币泛滥；人类在现实世界外构建了一个"超元域"，只要通过公共入口连接，就能以"化身"的形象进入超元域。

图 1.8 《雪崩》描述的世界

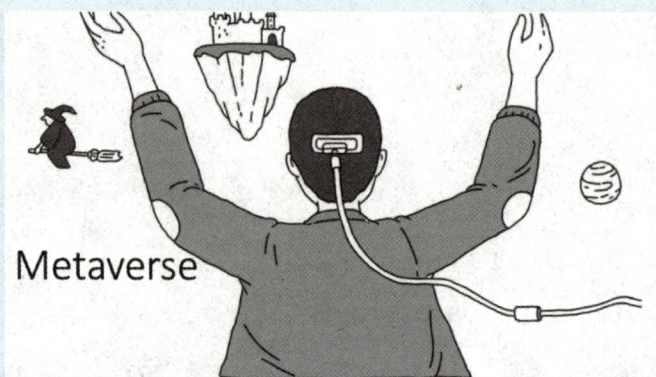

虚拟现实和元宇宙之间的关系

2. "元宇宙"众家说

Roblox 公司 CEO 戴夫·巴祖基(Dave Baszucki)是元宇宙忠实的"传教士",他与《玩家一号》和《玩家二号》的作者恩斯特·克莱恩(Ernest Cline)合作了很多活动。事实上,Roblox 是一个多人在线创作游戏平台,用户可以自行创作游戏作品,从 FPS、RPG 到竞速、解谜,都可以由玩家操控的圆柱和方块形状组成的小人们参与和完成。Baszucki 认为,真正的元宇宙有 8 个不同的特点,分别是身份、朋友、沉浸感、低延迟、多元化、随地、经济系统和文明。

也有学者认为"元宇宙"的核心可以归纳为如下 4 点。

(1)玩家具有改造"元宇宙"的能力,数字资产具有"唯一性"。

(2)有非常强的沉浸感和体验感。

(3)具有稳定的经济体系并且与现实联通。

(4)容纳大量的用户,有较强的互动体验和社交性。

3. "元宇宙"的技术体系

交互技术是元宇宙的六大底层技术之一(见图 1.9),虚拟现实技术作为元宇宙交互技术的核心内容,打通了现实与虚拟,为沉浸式体验提供了快速、便捷的互动方式以及更真实的体验感。由此而见,虚拟现实技术是元宇宙的必要非充分条件。

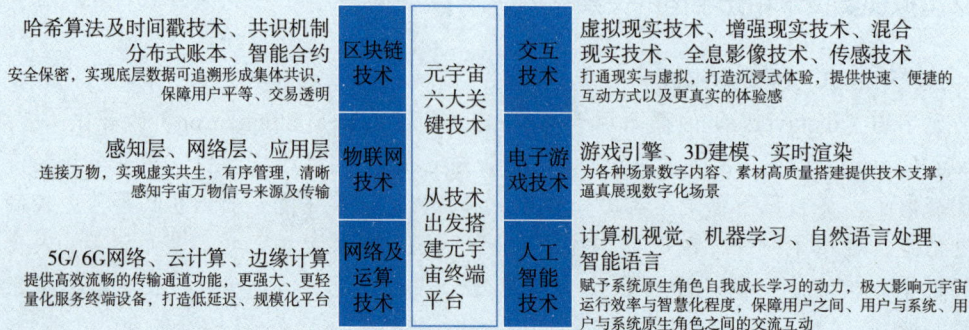

哈希算法及时间戳技术、共识机制、分布式账本、智能合约 安全保密,实现底层数据可追溯形成集体共识,保障用户平等、交易透明	区块链技术	元宇宙六大关键技术 从技术出发搭建元宇宙终端平台	交互技术	虚拟现实技术、增强现实技术、混合现实技术、全息影像技术、传感技术 打通现实与虚拟,打造沉浸式体验,提供快速、便捷的互动方式以及更真实的体验感
感知层、网络层、应用层 连接万物,实现虚实共生,有序管理,清晰感知宇宙万物信号来源及传输	物联网技术		电子游戏技术	游戏引擎、3D建模、实时渲染 为各种场景数字内容、素材高质量搭建提供技术支撑,逼真展现数字化场景
5G/6G网络、云计算、边缘计算 提供高效流畅的传输通道功能,更强大、更轻量化服务终端设备,打造低延迟、规模化平台	网络及运算技术		人工智能技术	计算机视觉、机器学习、自然语言处理、智能语言 赋予系统原生角色自我成长学习的动力,极大影响元宇宙运行效率与智慧化程度,保障用户之间、用户与系统、用户与系统原生角色之间的交流互动

图 1.9 元宇宙六大关键技术体系

任务实施

步骤一　选取主题元素

在虚拟现实广义范围内，有很多有趣的故事和事物，每个概念元素均展示出虚拟现实领域丰富的呈现形式。请选取一个自己感兴趣的主题进行探究。

步骤二　收集、整理内容

张华同学对"沉浸声场"的相关概念非常感兴趣，准备将收集的资料整理到"VR主题简报"模板中，模板如图1.10所示（根据所选探索主题，自行填充内容）。

步骤三　完成内容制作

完成"VR主题简报"的内容制作，如图1.11所示。

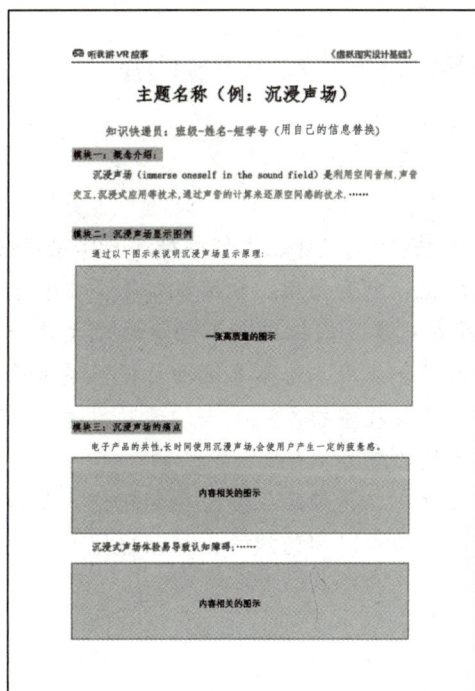

图1.10　"VR主题简报"模板

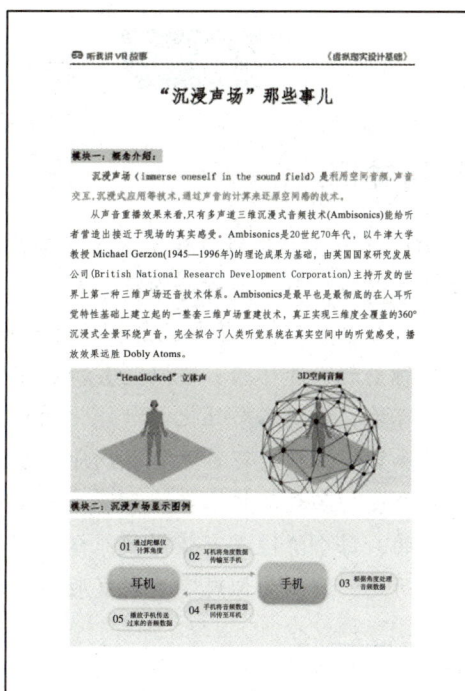

图1.11　"VR主题简报"范例——沉浸声场

任务思考

我们为什么需要虚拟现实技术呢？这项技术的出现是时代进步的必然选择吗？

人类对虚拟世界的追求是一种本能行为。人们在日常生活中的走神、做梦、追剧、观影都属于与虚拟事物的连接。据数据显示，人们每天走神的次数大约有两千次，大脑15%～25%的时间都在开小差。那么这段大脑放空的时间，会发生什么微妙的变化呢？（感兴趣的读者可以阅读《虚拟现实——从阿凡达到永生》。）

除了本能使然，虚拟现实技术为用户带来了沉浸式的娱乐体验，成为刚需产品，推动娱乐产业发展。同时，虚拟现实技术在工业、医学等科学研究中也应用广泛，已成为继理论计算和实验验证之后的第三种科学验证手段。

🌐 课后拓展

虚拟现实技术带给人的思考很多，请通过电影《头号玩家》中的场景展开联想：假设在未来的某一天，人们可以随时随地切换身份，自由穿梭于物理世界和数字世界，在虚拟空间和时间节点所构成的"元宇宙"中学习、工作、交友、购物、旅游等，这种生活值得我们选择吗？如果认为值得，那么又会如何分配真实世界和虚拟世界的占比呢？请列举你一天的行程表。

任务 1.2　绘制虚拟现实技术发展史图谱

💡 情境描述

2022年北京冬季奥运会运用了多项虚拟现实相关技术，"智能化创编排演一体化系统"模拟开幕式全流程，提前对演员、灯光、音乐、烟花、奥运火炬、转播机位等全要素进行全方位"排兵布阵"；自由视角、子弹时间、沉浸式观赛、虚拟现实互动等为广大观众带来了多种创新观赛体验；虚拟现实和数字仿真技术融合应用，为参赛运动员提供逼真的赛道训练环境，实现了个性化、智能化的训练方案。虚拟现实技术从多个维度助力体育赛事的落地和呈现，让老百姓更加真切地感受到体育竞技的魅力。

如今，虚拟现实技术在体育赛事等多领域大放异彩，是经历了多阶段的理论完善和应用尝试的，每个阶段都有值得被纪念的事件和人物。请以时间为线索，梳理虚拟现实技术的发展历史，绘制虚拟现实技术发展图谱。

🎯 学习目标

素质目标	培养逻辑思考力、学习自驱力、历史敬畏之心
知识目标	1. 掌握虚拟现实技术的发展历程； 2. 了解虚拟现实技术之父的相关信息
技能目标	1. 学会提取关键信息； 2. 学会用时间轴工具进行信息呈现； 3. 掌握时间轴的绘制技巧

⏰ 建议学时

4学时。

知识加油站

一、虚拟现实技术发展的前身

虚拟现实技术与仿真技术的发展可追溯到中国古代的战国时期，据《墨子·鲁问》篇记载："公输子削竹木以为鹊，成而飞之，三日不下。"公输班削竹木做成了一个喜鹊，让它飞上天空，三日不落。这是有关中国古代人做飞行器模型的最早记载，仿真技术正是虚拟现实技术的基础。

1929 年，具有 27 项专利的发明家 Edwin A.Link 发明了简单的机械飞行模拟器，在室外某一固定地点训练飞行员，使乘坐者感觉和坐在真实飞机上是一样的，使受训者可以通过模拟器学习飞行操作。在这之前一段时间他一直在学习飞行，由于当时学习飞行只能在飞机上进行实际训练，因此学费昂贵。当时学习飞行危险性较大，甚至有学员学习操作时失误以致丢掉了性命。他自己也曾遇险，所以对此深有感触，由此他萌生了发明飞行模拟器的念头。

1935 年，美国科幻小说家斯坦利在他的小说中首次构想了以眼镜为基础，涉及视觉、触觉、嗅觉等全方位沉浸式体验的虚拟现实概念，这是可以追溯到的最早的关于虚拟现实的构想（见图 1.12）。

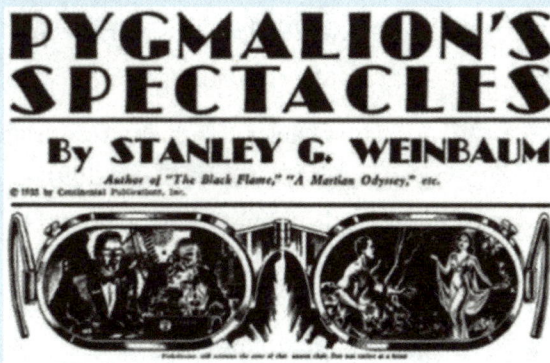

图 1.12　早期虚拟现实眼镜构想

二、虚拟现实技术发展的三次浪潮

虚拟现实技术在历史上经历了三次浪潮，当前正处于第三次浪潮中。

第一次浪潮发生在 20 世纪 60 年代，科学家们建立了虚拟现实的基础原理和产品光学构造。1960 年，电影摄影师 Morton Heilig 提交了一款虚拟现实设备的专利申请文件，专利文件上的描述是"用于个人使用的立体电视设备"。尽管这款设计来自于 80 多年前，但可以看出与 Oculus Rift、Google Cardboard 有很多相似之处。1967 年，Heilig 又构造了一个多感知仿真环境的虚拟现实系统 Sensorama Simulator（见图 1.13），这也是历史上第一套虚拟现实系统。它能够提供真实的 3D 体验，例如，用户在观看摩托车形式的画面时，不仅能看到立体、色彩、变化的街道画面，还能听到立体声，感受到行车的颠簸、扑面而来的风，还能闻到花的芳香。1968 年，美国计算机图形学之父伊万·萨瑟兰（Ivan Sutherlan）在哈佛大学组织开发了第一个计算机图形技术驱动的头盔显示器（helmet mounted display，HMD）及头部位置跟踪系统，是虚拟现实技术发展史上一个重要的里程碑。进入 20 世纪 80 年代，虚拟现实相关技术在飞行、航天等领域得到了比较广泛的应用。

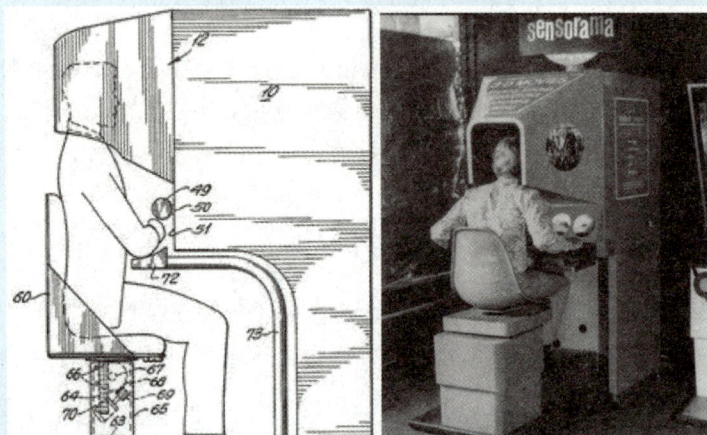

图 1.13　世界上第一台虚拟现实设备——Sensorama Simulator

第二次浪潮发生在 1990 年左右，这是一次如火如荼的商业化热潮，但最终没能获得成功。1989 年，杰伦·拉尼尔（Jaron Lanier）提出用 virtual reality 来表示虚拟现实一词，并且把虚拟现实技术作为商品，推动其发展和应用。1991 年，一款名为 Virtuality 1000CS 的设备出现在消费市场中，由于它笨重的外形、单一的功能和昂贵的价格，并未得到消费者的认可，但掀起了一个虚拟现实商业化的浪潮。世嘉、索尼、任天堂等都陆续推出了自己的虚拟现实游戏机产品。但这一轮商业化热潮，由于光学、计算机、图形学、数据等领域技术尚处于高速发展早期，产业链也不完备，并未得到消费者的积极响应。但此后，虚拟现实商业化尝试一直没有停止。

第三次浪潮源于 2014 年 Facebook 收购 Oculus，再次引爆全球虚拟现实市场，虚拟现实商业化进程在全球范围内得到加速。三星、HTC、索尼、雷蛇、佳能等科技巨头组团加入，都让人看到了这个行业正在蓬勃发展；国内，目前已经出现数百家虚拟现实领域创业公司，覆盖全产业链相关环节，例如，交互、摄像、现实设备、游戏、视频等。2015 年，暴风科技登陆创业板，成为"虚拟现实第一股"，吸引更多创业者和投资者进入虚拟现实领域。

2023 年，Vision Pro 发布，作为苹果公司旗下首个 MR 头显设备，Vision Pro 对全新交互方式的实践为业内玩家带来新的思考。作为现阶段顶配产品，Vision Pro 的出现不仅极大振奋了虚拟现实产业玩家的信心，同时还在市场激起了"浪花"，为行业带来更多关注。

三、虚拟现实技术之父

今天各种酷炫的 IT 产品，不仅漂亮而且好用。这背后离不开计算机图形学的发展，也离不开一位计算机科学家的贡献，他就是伊万·萨瑟兰（Ivan Sutherland）（见图 1.14），1988 年图灵奖获得者，美国科学院和工程院两院院士。

图 1.14　虚拟现实技术之父——
Ivan Sutherland

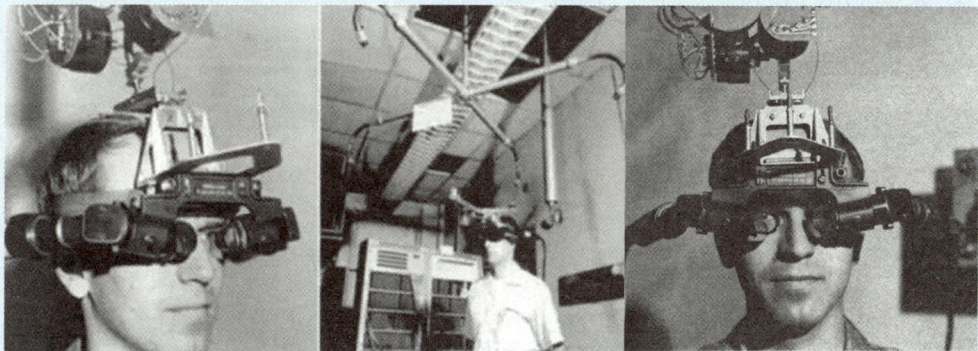

1965 年，计算机图形学的奠基者 Ivan Sutherland 教授在他的一篇论文 "the Ultimate Display" 中对有关计算机图形交互系统方面作了论述，提出了感觉真实、交互真实的人机协作新理论。后来，这一理论被公认为虚拟现实技术的里程碑。Ivan Sutherland 被人们称为"计算机图形学之父"的同时，也被人们称为"虚拟现实技术之父"。

1968 年，Ivan Sutherland 展示了一款具有计算机图形交互能力的头显，被视为早期虚拟现实显示器的里程碑。它集合了虚拟现实的几个要素：立体显示、虚拟画面生成、头部位置跟踪、虚拟环境互动、模型生成。不幸的是，当时这种设备过于笨重，佩戴起来极不舒适。只能通过一根悬挂在天花板上的可调高杆固定，将设备绑在用户头部。如图 1.15 所示，看上去就像达摩克利斯之剑悬于头顶，因此得名"达摩克利斯之剑"。

图 1.15　"达摩克利斯之剑"示意图

任务实施

对虚拟现实技术发展历程进行解读，提炼出节点性事件和人物，并将提炼出的内容通过时间轴（或其他逻辑线索，最常用的是时间轴串联方式）进行串联，通过图文结合的方式，绘制 VR 技术发展图谱。

步骤一　提取虚拟现实技术发展历程中的关键节点事件和重要任务

认真研读虚拟现实技术发展史，提取里程碑大事件：可以是技术的革新、产品的发布、公司的收购、资本助力，也可以是重要言论的响应、民众意识的变化、大公司战略化出击等。将提取的"事件卡"准备好，等待下一阶段的串联。

步骤二 选择时间轴的类型

常见的时间轴类型包括水平时间轴、纵向时间轴和线段式时间轴，如图 1.16 所示，根据自己的事件卡类型特征，选取合适的时间轴类型。时间轴的绘制可以手绘，也可以采用在线脑图工具或者流程图工具，以提升绘制效率。

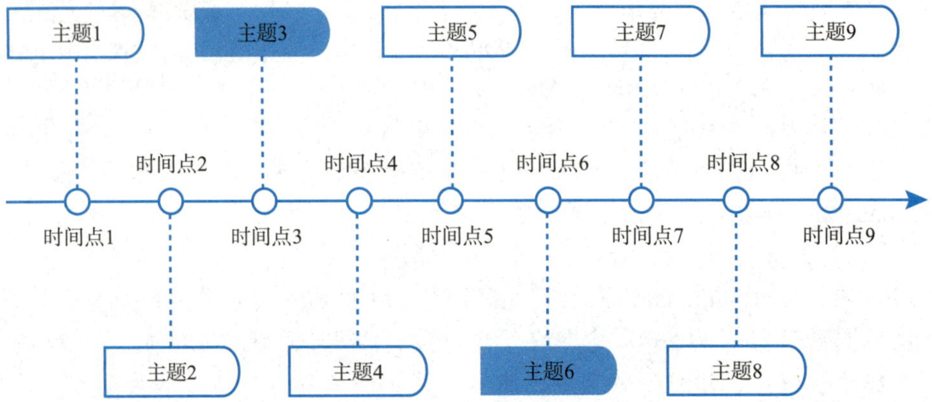

（a）水平时间轴

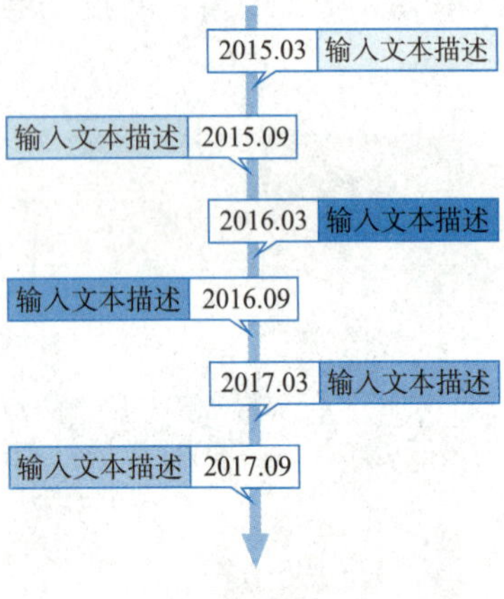

（b）纵向时间轴

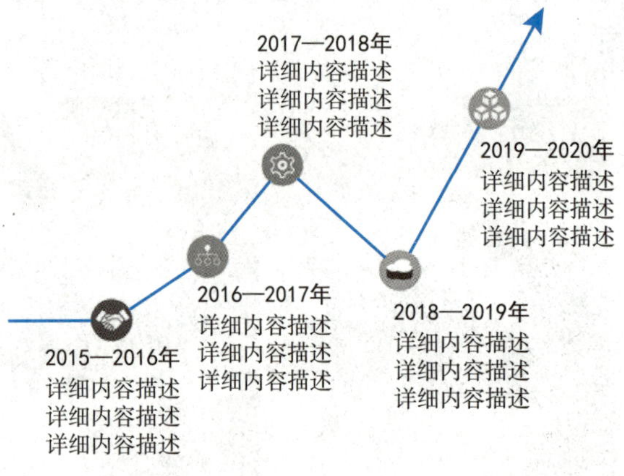

（c）线段式时间轴

图 1.16 常见的时间轴类型

步骤三 节点时间定位

在时间轴上按照先后顺序，标注时间节点符号。

步骤四 "事件卡"匹配

将步骤一准备好的事件卡，与其发生的时间节点进行匹配，标注到相应位置，如图 1.17 所示。之后整理内容的排布，合理利用时间轴两侧的空间进行内容排布，使构图更加和谐。

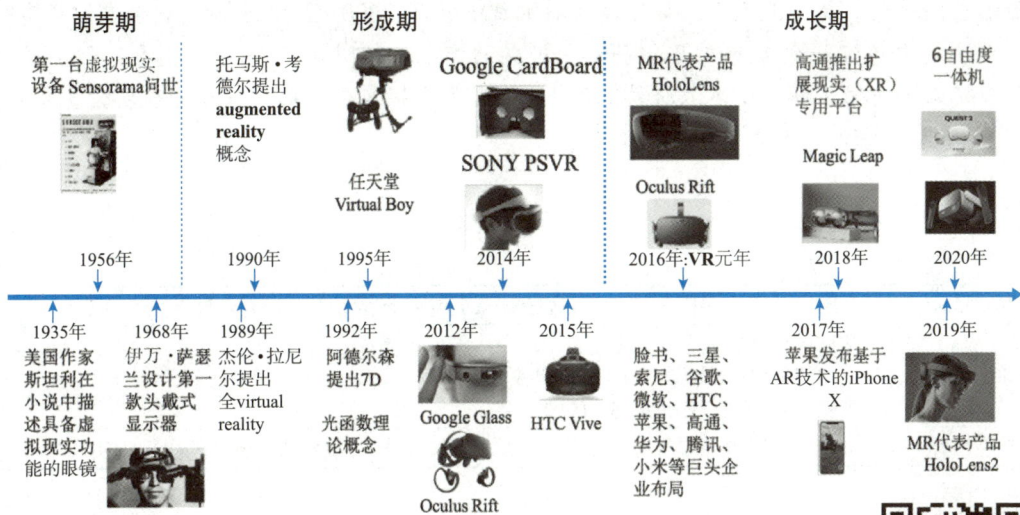

图 1.17　虚拟现实技术发展史轴线图样例
（资料来源：华创证券报告）

关于虚拟现实之父的争议

任务思考

虚拟现实技术发展史的每一次大事件，都和当时、当地的文化发展状况紧密相连。虚拟现实技术作为科技创新的代表，在漫漫发展长河中，也深刻诠释了科技创新与文化发展直接相辅相成的关系。有学者提出"科技属于精品文化"；也有学者指出"科技集结的成果是文化包含的范围"。追及根本，科技是大文化发展的一个组成部分。科技创新对文化发展发挥着支持、引领、推动的价值功能，深化文化内涵、催生文化新业态。对于以上观点，你有什么看法呢？

课后拓展

尝试了以时间为逻辑进行虚拟现实技术发展图谱绘制之后，可否以地区分布为出发点，来进行"事件卡"的归类呢？以此来分析，哪个国家和地区积极推动了虚拟现实技术的发展。

任务 1.3　选择适宜的虚拟现实设备

情境描述

赵小天是空乘专业的大二学生，她对专业学习严谨认真，渴望加入沉浸式的 VR 空乘实训课堂，身临其境地学习感受客舱服务要领。同时，她还是一名旅行爱好者，一直梦想着看看世间美景。赵小天利用寒假兼职工作的机会攒了 3000 元，准备购置一台虚拟现实眼镜，以满足自己沉浸式专业学习和全景看世界的需求。她听说了 Pico 的盛名，但由于对虚拟现实眼镜行情了解甚少不敢轻易购买。你可否帮助她客观了解一下虚拟现实设备市场，分析 Pico 品牌并提出合理化购买建议呢？

学习目标

素质目标	提升学生对于"中国制作"的自豪感；弘扬中国航天精神；培养合理的消费观念
知识目标	1. 掌握虚拟现实的常用设备； 2. 了解热门虚拟现实眼镜的品牌和各自优劣； 3. 掌握虚拟现实一体机的选购原则
技能目标	能够进行不同虚拟现实眼镜之间的参数比较，并根据预算选择合适的虚拟现实产品

建议学时

4 学时。

知识加油站

一、虚拟现实设备百花齐放

据 IDC 数据显示，2021 年全球虚拟现实设备出货量突破了千万关口，被业界认为正式开启消费级市场之路。进入 2022 年，硬件终端厂商加快产品迭代步伐，头部玩家如 Meta、HTC、Pico、爱奇艺、NOLO 皆有新产品亮相，一批新厂商如 TCL、联想、魅族等也相继入局。随着国内外科技巨头持续加码，虚拟现实的传感、交互、建模、呈现技术不断取得突破，虚拟现实硬件的佩戴眩晕、传输延迟等共性问题已经逐步得到解决，用户在视觉、操控、舒适感等方面的体验也在不断提升，直接带动了影视、游戏、社交、直播等虚拟现实内容制作产业的发展，为虚拟现实赋能千行百业夯实根基。

虚拟现实头显品牌市场集中度高，Meta 在全球一骑绝尘，其次为索尼；国内较为领先的品牌有 Pico、爱奇艺、NOLO，但整体上国内品牌销量规模较小。

二、虚拟现实设备线上市场总体概览

2021 年，得益于各路厂商快节奏的新品推出和多样营销方式的市场宣传刺激，加之"元宇宙"为当年最火爆的科技热点，虚拟现实被视为元宇宙的入场券，全球出货量突破千万台。但在 2022 年一整年间，整个科技行业遇冷，国内外虚拟现实头部大厂均未公布市场利好消息。2023 年全球经济疲软，整体消费电子需求不振。据统计，2023 年全球虚拟现实品牌出货情况如图 1.18 所示，全球虚拟现实头显出货量较 2022 年下

滑 24%，为 753 万台，Meta 领跑市场，占比 71%。当今大众休闲娱乐选择更为多样化，性能尚未完善的虚拟现实设备难以吸引大量用户入手。2024 年春季 Vision Pro 的发售，对整个 XR（extended reality，扩展现实，AR、VR、MR 等多种技术的统称）市场起到了一定的带动作用，虚拟现实终端设备出货量及其预测情况如图 1.19 所示。

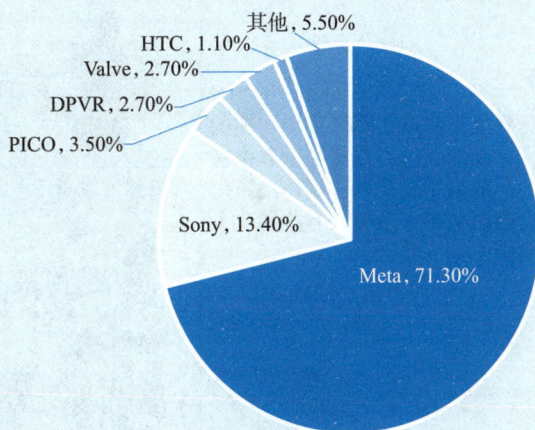

图 1.18　2023 年全球虚拟现实品牌出货情况
（数据来源：iResearch Inc..）

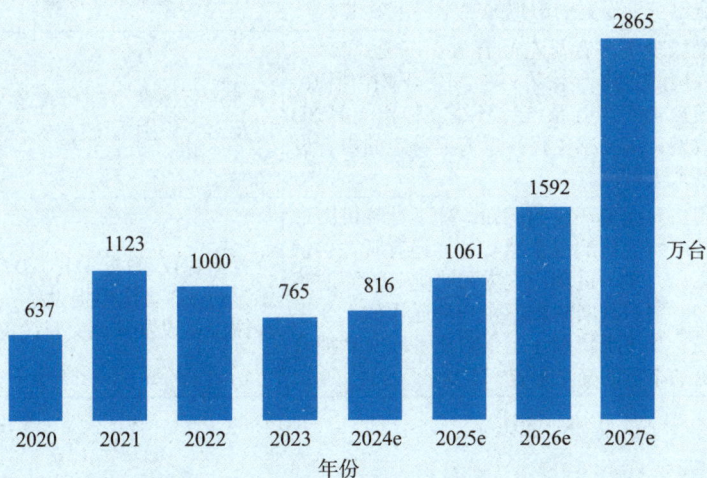

图 1.19　全球虚拟现实终端设备出货量及预测
（数据来源：iResearch Inc..）

三、虚拟现实硬件设备列举

我们经常把虚拟现实技术所营造的虚拟世界喻为梦境。为了呈现"梦境"，需要多种类设备协同作业，包括建模设备、三维视觉显示设备、声音设备、交互设备以及 3D 输入设备，各类设备的信息如表 1.1 所示。

表 1.1　虚拟现实硬件设备信息

设 备 类 型	设 备 详 情	常 用 工 具
建模设备	虚拟现实建模就是获取实际环境中物体的三维数据，并制作成可以在虚拟世界中展示的模型。一般采用建模软件制作三维模型，但为提高模型制作效率，有些情况下也会采用建模设备生成	3D 扫描仪 光场建模设备
显示设备	用户对虚拟世界的认知和判断一般从视觉感受出发。通过显示设备使用技术手段创造出一种逼真的虚拟的视觉展示效果	3D 展示系统、大型投影系统(VR-platform CAVE)、头戴式立体显示器等
声音设备	虚拟现实声音是空间音效、沉浸式音效，强调的是前、后、左、右、上、下均衡播放。虚拟现实声音系统比环绕立体声更具 3D 效果，沉浸感更强，也需要特定的声音设备来进行播放	三维声音系统、非传统意义的立体声，以及语音识别系统
交互设备	用户对虚拟环境的感知，除了计算机图形技术所生成的视觉感知外，还有听觉、触觉、力觉、运动、嗅觉和味觉等方面的感知。虚拟现实同样不止一种通用的交互手段，其多维特点注定了它比平面交互拥有更加丰富的交互形式	位置追踪仪、数据手套、3D 输入设备(三维鼠标)、动作捕捉设备、眼动仪、力反馈设备以及其他交互设备

四、头盔显示器

有研究显示，人类对客观世界的感知信息 75% ～ 80% 来自视觉，对虚拟世界的判断一般也是从视觉出发的，视觉沉浸感对于整体的沉浸式体验有举足轻重的作用，所以显示设备可以说是最为重要的虚拟现实设备。头戴式显示器（head mounted display，HMD，简称头显）作为标志性的显示设备，成为虚拟现实市场的主流消费硬件。

1. 虚拟现实头显分类

虚拟现实头显装备包括三种类型，分别为外接式虚拟现实头显（PC VR）、一体式虚拟现实头显（虚拟现实一体机）和移动式虚拟现实头显（虚拟现实手机盒子）。

1）外接式虚拟现实头显

外接式虚拟现实头显在三类虚拟现实设备中的成本和售价均较高，这类设备具备独立屏幕、产品结构复杂、技术含量较高、需外接配置较高的计算机才能体验，尚未实现无线技术。外接式虚拟现实头显设备性能较高，保证了效率的同步和画面质量，沉浸感好，是当前相对高端的虚拟现实头戴式显示设备，主要面向喜欢玩游戏、追求极致沉浸体验的硬核玩家，代表产品有 HTC Vive，如图 1.20 所示。

图 1.20　典型的 PC VR——HTC Vive

2）一体式虚拟现实头显

一体式虚拟现实头显是具备独立处理器并且同时支持 HDMI 输入的头戴式虚拟现实设备。虚拟现实一体机无须借助任何其他设备就可使用，具备携带方便、空间限制小等特点，符合现代人移动化的使用习惯。当前国内比较主流的虚拟现实一体机有 Pico Neo4，如图 1.21 所示。

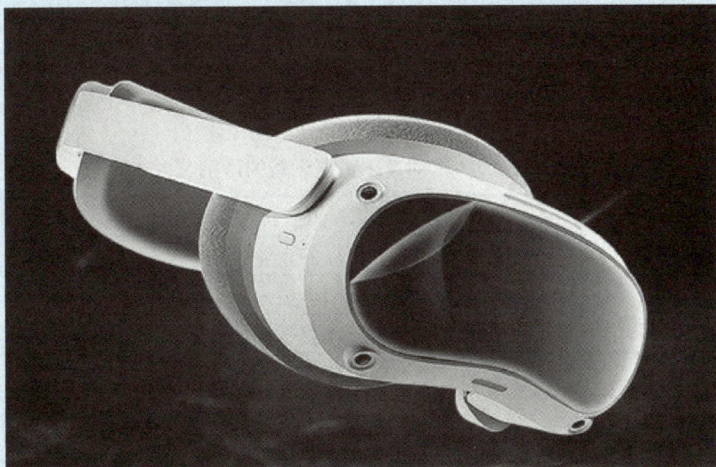

图 1.21　典型的虚拟现实一体机——Pico Neo4

3）移动式虚拟现实头显

虚拟现实手机盒子作为移动式虚拟现实头显的代表，是头显设备中价格最低的，也是虚拟现实行业发展早期出现的低成本体验方案，需要插入手机才能进行 3D 观影，主要由纸板、塑料和简单的光学基础材料组装而成，价格在百元以内。常见的虚拟现实手机盒子，如图 1.22 所示。此类产品中最具代表性的为 Google CardBoard（谷歌眼镜盒子）。国内厂商中，暴风、爱奇艺也上市了虚拟现实手机盒子产品。

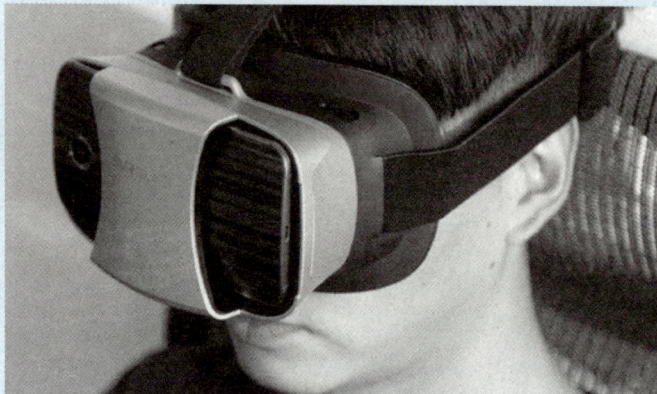

图 1.22　虚拟现实眼镜盒子

2. 虚拟现实头显设备比较

虚拟现实产品是提供虚拟现实体验的硬件和软件的组合，当前市面上主流的虚拟现实硬件产品包括虚拟现实头显、虚拟现实手柄、全景相机、体感跑步机、虚拟现实互动游戏机等。虚拟现实头显对用户沉浸式体验产生直接影响，其成熟度对虚拟现实行业的整体发展至关重要。目前，PC VR 硬件性能最优，但依赖主机，灵活度低；虚拟现实一体机小巧便捷、成本友好，性能瓶颈正在逐步突破。当前的虚拟现实一体机普遍具备连接 PC 主机实现串流（steam）的能力，一体机＋串流的形式是新手玩家低门槛、高性价比、无线化体验 PC VR 的最佳方案，弥补了现阶段相对匮乏的虚拟现实一体机内容生态，也实现了通过高阶虚拟现实玩法培养更多玩家入局。用户可根据个人预算和体验需求，选择合适的虚拟现实产品，如表 1.2 所示。

表 1.2　不同 VR 头显设备的区别

头显设备类别	适用人群	价　格
外接式虚拟现实头显	对设备性能要求较高的企业级用户	昂贵
一体式虚拟现实头显	个人、家庭场景中的人员	友好
移动端虚拟现实头显	对虚拟现实有入门体验需求的初级用户	低廉

任务实施

步骤一　选择适合的设备种类

通过剖析赵小天同学的学习和娱乐需求，得知其需要关注产品的视觉呈现和交互体验，则消费级的虚拟现实头显值得重点关注。如今虚拟现实一体机成为消费市场主流产品，建议赵小天将虚拟现实一体机列为重点考察范围，也可酌情了解其他热门虚拟现实产品。

步骤二　核心品牌对比——Oculus VS. Pico

请对这两个 VR 硬件品牌进行调研，从而更深刻了解市场，帮助自己制订更合理的购买计划。

1. Oculus 品牌介绍

美国虚拟现实技术公司 Oculus 成立于 2012 年，在 2014 年 3 月被 Facebook 以 20 亿美元的价格收购。Oculus 放弃了占用室内空间的基站定位方式，而是采用了 inside-out（头显摄像头）定位。在未来的产品升级路线中，也会在保证用户感官体验的同时，将轻量化、小型化、便捷化放在优先位置。2023 年该公司推出的虚拟现实头显为 Quest 3，它的前代是 Oculus Quest 2。

2. Pico 品牌介绍

Pico（北京小鸟看看科技有限公司）成立于 2015 年 4 月，致力于虚拟现实的研发和内容应用。2021 年 8 月，字节跳动完成对 Pico 的收购，随后 Pico 获得大量曝光机会，Pico Neo 3 系列也在国内取得不凡的销售成绩。

字节跳动的加入为 Pico 带来了更丰富的内容生态，极大增加了 Pico 的曝光度。在内容生态的打造上，面对 Oculus 的平台优势，作为竞品的 Pico 丝毫没有让步，不仅在抖音平台对 Pico 进行置顶推送，而且引入了多款 Oculus 平台游戏大作，鼓励 VR 应用创作。

> **知　识　窗**
>
> 2021 年 8 月，Pico 以 90 亿元人民币估值被字节跳动收购。

2022 年 9 月 22 日晚，Pico 召开海外新品发布会，发布全新 Pico 4 主机，海外版售价 429 欧元起（128G 版本，折合人民币 2968 元）。Pico 发布操作系统，软硬件生态雏形已现，新品兼具科技与消费两大属性。Pico 旗下几款虚拟现实产品的参数对比如图 1.23 所示。

步骤三　热门虚拟现实头显产品性能对比

随着技术的不断进步和消费者的需求日趋多样化，市场上出现了多种虚拟现实头显，各自拥有不同的特点和优势。在选择虚拟现实头显时，预算无疑是一个重要的考虑因素。不同品牌和型号的虚拟现实头显在价格上存在较大差异，高端设备提供更出色的性能和体验，但价格也相对较高。目前市面上主流虚拟现实头显的各项参数对比如图 1.24 所示。

步骤四　调研影响虚拟现实头显眩晕感的因素

近眼显示（near-eye display，NED）是 VR/AR 硬件设备核心所在，也是 VR/AR 硬件主要差异所在。近眼显示最核心痛点在于用户长久佩戴会产生晕眩感，当前市面上主流虚拟现实头显已基本满足消除晕眩感的三大指标：延迟低于 20ms、刷新率高于 75Hz、单眼分辨率 1K 以上。

请从虚拟现实设备市场选择 3 款适合赵小天同学使用需求的虚拟现实头显设备，调研其眩晕感的相关参数，完成表 1.3 的内容。

产品名称	Pico Neo 3	Pico Neo 4	Pico Neo 4Pro
质量	395g	295g	579g
电池容量	5300mAh	5300mAh	5300mAh
分辨率	单眼 1832×1920 像素	单眼 2160×2160 像素	单眼 2160×2160 像素
PPI	773	1200	1200
视场角	可视角 98°	可视角 105°	可视角 105°
无级瞳距调节	不支持	不支持	支持
镜片方案	菲涅尔镜片	Pancake	Pancake
感知/交互	4×鱼眼单色摄像头	1600万像素 RGB 全彩摄像头、4×SLAM 灰度跟踪摄像头	1600万像素 RGB 全彩摄像头、4×SLAM 灰度跟踪摄像头
手柄	6DoF，红外光学	6DoF、宽频线性马达、红外传感器、全手掌握把、真实触觉/振动反馈	6DoF、宽频线性马达、红外传感器、全手掌握把、真实触觉/振动反馈
裸手识别	支持	支持	支持
面部识别	—	—	支持
眼球追踪	—	—	支持
彩色透视	—	16MP全彩透视	16MP全彩透视

图 1.23　Pico 产品参数比较

（资料来源：Pico 海外发布会．）

参数	YVR 2	PICO 4	Quest Pro	PS VR 2	苹果MR
发售日期	2022年7月20日	2022年9月27日	2022年10月	2023年年初	2023年年内发布
发售价格	4999元	2499元起	或高于800美元	—	或高于3000美元
屏幕类型	LCD	LCD	Mini-LED	OLED	硅基OLED
光学方案	Pancake	Pancake	Pancake	菲涅尔透镜	Pancake
视场角	95°	105°	—	110°	—
电池容量	5300mAh	5300mAh	5000mAh	—	—
芯片	高通骁龙XR2	高通骁龙XR2	高通骁龙XR2	—	苹果M2
分辨率	单眼1600×1600	单眼2160×2160	单眼2160×2160	单眼2000×2040	—
质量（实测）	350g（不含电池与绑带）	295g（不含电池与绑带）	—	略低于PS VR	—
裸手识别	支持	支持	支持	支持	支持
面部识别	支持	支持（仅Pro版本）	支持	支持	支持
眼球追踪	支持	支持（仅Pro版本）	支持	支持	支持
彩色透视	不支持，黑白透视	支持	支持	不支持，黑白透视	支持
产品示意图					
内容偏好	游戏	健身、直播、视频	生产力、商务	游戏	生产力、商务

图 1.24　主流虚拟现实头显产品参数对比

（资料来源：国泰君安证券研究．）

表1.3 虚拟现实头显设备眩晕感比较

眩晕感相关参数	设备1	设备2	设备3
终端形态			
刷新率			
单眼分辨率			
视场角			

步骤五 关注其他影响虚拟现实设备体验感的因素

1. 设备重量

一般体验者总认为虚拟现实设备，特别是穿戴设备越轻越好，这样可以减轻身体的负担。但是过于轻便的设备，往往材质和性能不够理想，例如，用纸板做的头显非常轻，但是沉浸感和耐用性都不能满足需求。对于一些价格较高的封闭式头显，零件组成更复杂，也更重。过重的穿戴式（特别是头戴式）设备，对于用户的使用时长有限制，过长时间穿戴，会带来体验负担。在当今新材料革命的浪潮中，虚拟现实设备制造商也在不降低设备性能的前提下，通过选用低密度、高韧性、健康环保、亲肤的新型材料（如碳纤维材料）来降低设备重量，获得体验的提升。

2. 佩戴舒适度

之前提到的眩晕感和设备重量很大程度上决定了虚拟现实头显设备的佩戴舒适和长久问题。除此之外，佩戴时的纱窗感、额头受力和眼眶受力问题，也一定程度影响了使用者的舒适度体验。人体热舒适（即人对周围热环境所做的主观满意度评价）是由生理和心理两方面决定的，面部的舒适感和微环境的透气性都会影响用户的热体验感受。研究表明，环形额头受力的虚拟现实眼镜，整个目镜部分是完全依托在其硬质"环形"头带上的，对面部几乎不造成压力，仅仅只是轻触于眼眶周围，佩戴舒适透气。另外，上翻式头显也是解决舒适度的另一个方向。

3. 产品外形设计

产品外形设计是让用户关注的敲门砖，如果外形设计做得好看，用户想继续深入了解功能的可能性较大。现在的虚拟现实硬件公司，非常注重外形的研究，在工业设计方面投入了大量成本，从线形、颜色、材质、人机交互等多方面发力，力求建立最初的优良产品印象。

4. 价格

虚拟现实技术对一些核心功能的实现，使用了大量的高科技配置。为了流畅的体验感，对各方面的组建都有较高要求，这也决定了其成本很高。对于大众消费者，特别是学生群体来说，价格是影响其产生购买虚拟现实设备行为的重要因素之一。

步骤六 确定虚拟现实产品

选择功能和价格最适合赵小天的一款虚拟现实头显产品，为其制作产品推荐文档，并以电子邮件形式发送至赵小天邮箱。

任务思考

选择合适的虚拟现实眼镜是保证高质量体验的重中之重，一些周边配件也可以助力于虚拟现实观影质量的提升，请思考还有哪些性价比好物。

课后拓展

Google Cardboard（见图 1.25）最初是谷歌法国巴黎部门的两位工程师大卫·科兹（David Coz）和达米安·亨利（Damien Henry）的创意。他们利用谷歌"20% 时间"规定，花了 6 个月的时间，打造出这个实验项目，意在将智能手机变成一个虚拟现实的原型设备。

谷歌 Cardboard 的
幕后故事

图 1.25　Google Cardboard

Google Cardboard 纸盒的制作原材料非常简单，包括纸板、双凸透镜、磁石、魔力贴、橡皮筋以及 NFC 贴等部件。按照纸盒上面的说明，几分钟内就组装出一个看起来非常简陋的玩具眼镜。请根据图 1.26 的提示，从生活中寻找原材料，制作一个简易的虚拟现实眼镜。

图 1.26　Google 纸盒眼镜材料展开图

①—瓦楞纸板；②—凸透镜（双凸透镜）；③—磁铁；④—魔力贴（可选，可用橡皮筋代替）；
⑤—橡皮筋（固定手机用）；⑥—NFC 标签（可选）

项目自测

1. 知识检测

（1）简述 VR、AR 和 MR 之间的区别和联系。

（2）你了解哪些关于"虚拟现实技术之父"的故事？

（3）哪一年被称为虚拟现实技术发展的元年？这一年发生了什么事情？

2. 话题思考

（1）虚拟现实技术的五大特征中，哪一个是你认为最重要的？请说明原因。

（2）在虚拟现实技术发展长河中，哪个事件留给你深刻的印象？

学习成果实施报告书

题目					
班级		姓名		学号	

任务实施报告

1. 请收集近年来当地推动虚拟现实产业发展的相关政策，进行整理汇总。

2. 请关注当地的虚拟现实产业发展现状。当地是否有虚拟现实产业园或研究院？如果有，请前去参观学习，并撰写 800 字的参观记录。

3. 如果推荐一款你认为最实用的移动端虚拟现实 App，你会推荐哪一款？请将该软件的主界面截图、推荐理由、使用感受等内容进行编辑，以小作文的方式发布到朋友圈。

考核评价（按 10 分制）

教师评语：	态度分数	
	工作量分数	

考评规则

工作量考核标准如下。

1. 任务完成及时。

2. 操作规范。

3. 参观记录内容真实可靠，条理清晰，文本流畅，逻辑性强。

奖励：图文并茂，加 3 分；将参观记录提炼成微信朋友圈小作文发布，加 3 分。

惩罚：没有完成工作量，扣 1 分；故意抄袭实施报告扣 5 分。

虚拟现实技术体系

项目导读

虚拟现实有单机智能与网联云控两种技术路径。目前，大多数企业基于单机智能这一技术路径，重点关注近眼显示、渲染计算、感知交互与内容制作方面的研发创新、技术产业化及控制成本等相关工作；网联云控主要体现在内容上云后的流媒体服务上。本项目将深度探究影响虚拟现实产业发展的底层技术，并对其发展现状进行剖析。

任务 2.1 解读虚拟现实六大底层技术

情境描述

刘老师是某高校虚拟现实技术专业的教师，收到学校图书馆的邀请，要为学生们做一场关于"VR底层技术"的微型讲座。刘老师计划将虚拟现实技术体系进行细分，并通过不同的颜色呈现不同技术分支的发展状况（成熟期、发展期、萌芽期），让学生们能够清晰地了解到VR技术的体系架构。请帮刘老师绘制基于VR技术体系的发展表格。

学习目标

素质目标	提升数据可视化能力，提升信息收集和分析能力
知识目标	1. 了解虚拟现实底层技术体系； 2. 了解各底层技术的原理和发展现状
能力目标	能够用高效的方法进行信息收集和系统化处理，通过搜集到的信息完成技术发展阶段定位

4 学时。

📚 **知识加油站**

一、近眼显示技术

VR 近眼显示系统如图 2.1 所示。相较于 VR 的直接显示图像特征，AR 需要把虚拟信息"层叠"在真实场景上，因此在近眼显示的光学结构上，AR 要多加一层光学组合器以实现"层叠"，如图 2.2 所示。

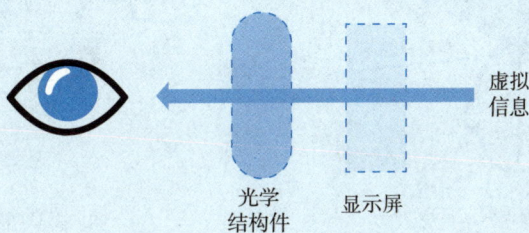

图 2.1　VR 近眼显示系统示意

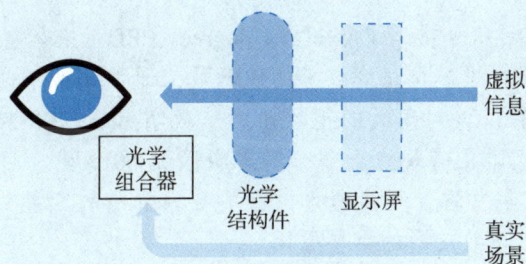

选购体验感优的 VR
头显设备

图 2.2　AR 近眼显示系统示意

VR 近眼显示的理论基础是双眼立体视觉原理，同一物体在左右双眼视网膜成像时存在着视差，双眼视差通过视觉皮质融合进而产生三维立体感。头戴式显示技术正成为虚拟现实主流立体视觉显示技术，头盔显示器的技术思路是当用户佩戴头盔显示器后，左右眼显示屏可为双眼提供立体图像，进而产生立体视觉效果。近眼显示的参数指标是影响用户体验感受的主要因素，主要包括视场角（field of view, FOV）、分辨率（resolution）、刷新率（refresh rate）、运动到成像时延（motion-to-photon latency, MTP）等。

1. 视场角

视场角主要用于衡量宽广度，指的是显示器两侧边缘与观察点（眼睛）连线的夹角，视场角的大小直接决定着用户的视觉感受，视场角是影响用户的临场感和沉浸感的重要因素。在水平方向上，人单眼的舒适角度为60°，在此方位区间内人眼视力最为敏感；单眼的视野（不转动眼球、脖颈）约为左右各95°，双眼重合的视野角度为120°，如图2.3所示。通常VR头显的水平视场角要达到90°，才能保证较高的沉浸感，目前主流商用头盔显示器的FOV通常是在90°～120°。

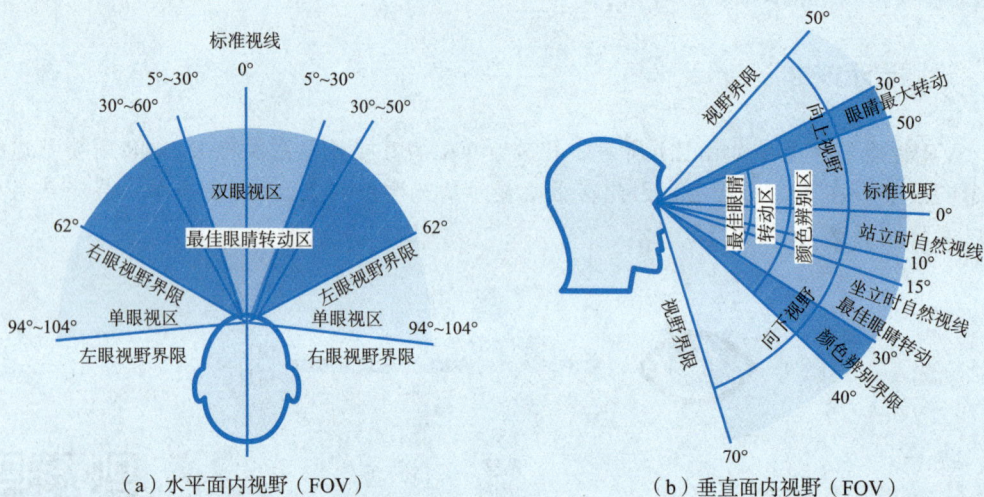

（a）水平面内视野（FOV）　　　（b）垂直面内视野（FOV）

图 2.3　人眼视场角

2. 分辨率

VR图像的分辨率用角分辨率（pixel per degree，PPD）来衡量。PPD是衡量清晰度的重要概念，指的是视野里单位角度包含的像素数，通常计算方式是（单眼成像）视野内最长对角线像素量除以该对角线的视场角。从数字上看，PPD越高，显示的画面自然越精细，有研究称人眼正常视力下角分辨率极限为60像素。目前，主流VR显示设备的角分辨率为20像素左右，距离理想效果的要求尚有较大差距。VR头显屏幕的低分辨率通常是引发"纱窗效应"的重要原因。

知　识　窗

"纱窗"效应描述了当显示设备的分辨率不足时，人们可以看到像素化的网格，这些网格称为"纱窗"，通常是由显示屏上的像素点组成的。这种现象在VR设备中使用高分辨率屏幕时更为明显，因为它增加了眼睛感知到的细节，使得原本应该连续的图像出现了断层。此外，纱窗效应可能会导致视觉上的模糊感和降低沉浸感，尤其是在观看高对比度的场景时，边缘可能会出现分离式的闪烁现象。

3. 刷新率

刷新率主要用于衡量画面的流畅程度，指的是VR屏幕上图像的每秒更新的频次，目前主流的刷新率为90Hz，最理想的刷新率是180Hz。一般而言，VR显示的刷新率越高，屏幕上图像闪烁感就越小，稳定性也就越高，图像显示越自然清晰，可以减轻用眼疲劳。若画面延迟较高，则可能在高速位移或视野转动时发生画面闪烁、重影、余晖等现象，使用户产生眩晕感。一般来说，如能达到 80Hz 以上的刷新率，就可完全消除图像闪烁和抖动感，减轻用眼疲劳。

4. 运动到成像时延

运动到成像时延是用户头部移动与 VR 眼镜显示反映用户移动的变化之间的延迟。一旦用户的头部移动，VR 场景应该与移动相匹配。这两个动作之间的延迟越多，VR 画面看起来就越不真实，并且容易产生晕动症。VR 系统一般需要小于 20ms 的低延迟，甚至是小于 7ms 的低延迟。

AR 近眼显示亟须解决视场角大小与设备体积之间的矛盾：光波导优势明显，但设计门槛较高，短期内难以大规模商用。AR 各类成像形式的优劣势比较如表 2.1 所示。

表 2.1　AR 各类成像形式的优劣势比较

成像形式	优　势	劣　势	量产性	成本
棱镜式	结构简单	视场角小，体验感差	高	低
自由曲面反射式	大视场角	体积小	高	高
全面光栅衍射式	体积小、大视场角	加工难度大	低	高
光波导	体积小，大视场角	加工难度中等	低	高

二、3D建模技术

3D 建模技术在虚拟现实中扮演着至关重要的角色，它直接影响到虚拟环境的真实感和用户的沉浸体验。3D 建模技术可以将现实世界的物体、场景或人物转化为 3D 数字模型，通过计算机图形学算法实现对虚拟环境的构建和渲染，包括几何建模、纹理映射、光照模拟等多个方面，以实现逼真的成像效果。通过精细的 3D 建模技术，VR 技术能够为用户提供更加真实和详细的虚拟环境，从而增强用户的沉浸感。这种沉浸感是 VR 体验的核心，它让用户感觉自己真的置身于虚拟世界之中。

3D 建模技术的发展经历了多个阶段，从早期的线框模型、曲面模型到现在的复杂多边形建模和基于物理的渲染。近年来，AI 技术的发展为 3D 建模带来了新的可能性。例如，NVIDIA 的研究表明，AI 可以大幅缩短从构思、生成到迭代的周期，实现近乎即时的文本转 3D 模型生成，这将极大地提升各行各业的创作效率。

三、内容制作技术

基于用户与虚拟环境内容之间的交互程度，交互可分为弱交互和强交互两种类型。前者是用户在虚拟环境中可选择视点和位置，用户体验相对被动，体验内容是预先规划好的，主要包括 VR 直播、VR 全景视频等应用场景；后者是内容须根据用户的交互信息进行实时渲染，自由度、实时性与交互感更强。在弱交互方面，主要呈现出强调高质量、多格式的专业生成内容（professional generated content，PGC）和操作便捷、成本可控的用户生成内容（user generated content，UGC）两种发展诉求，技术选型包括手机式、一体单目／多目、阵列式、光场式等内容采集设备。VR视频的交互体验自由度也正从基于视野转动的3DoF发展为场景中自由移动与观看的6DoF，如图2.4所示。同时，通过采集用户实时心率、眼动、语音、微表情等多元化生理指标，可建构出依据用户偏好反馈的定制化内容叙述线。

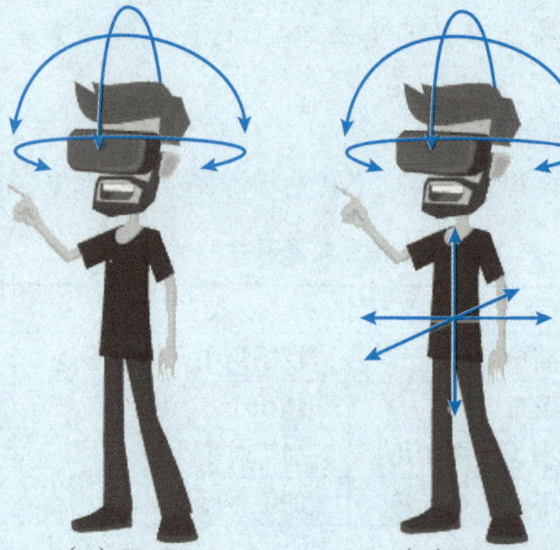

（a）3DoF　　　　　　　　（b）6DoF

图 2.4　3DoF 和 6DoF

知　识　窗

　　6DoF 的 VR 眼镜（设备），是指除了检测头部转动带来的视野角度变化外，还能检测到由身体移动带来的上下、前后、左右位移的变化。

　　在强交互方面，3D 数字模型通常基于扫描数据或多视角图像进行三维建模，通过纹理映射实现实体表面真实感处理，并嵌入文本、音频和视频信息完成实体重建。当前，基于 RGBD 相机等技术方案进行低成本、高速率生成高质量 3D 模型正成为可能。此外，虚拟化身的制作作为 VR 多人社交的关键，通过追踪采集用户数据并实时投射于虚拟化身的外观及行为表现，使得 VR 用户对于虚拟化身的感知与控制形成交互闭环。在技术方面，基于口型、眼动、表情、手势肢体等上半身虚拟化身技术初步走向成熟，有望增强 VR 社交的临场感与互动程度。

四、感知交互技术

　　感知交互技术涵盖了所有"欺骗"人类感觉（主要包括五官感觉和内部神经感觉）的先进技术。各种技术发展各异，但殊途同归，即让人脑完全相信虚拟的感觉，混淆虚拟和现实的界限。

现阶段成熟度最高的感知交互技术为视觉交互、听觉交互、追踪定位。

追踪定位是感知交互领域的基础能力，存在着 outside-in 和 inside-out 两条技术路线。如图 2.5 所示，前者需要在环境中布置（基站外设）定位器，实现从外到内的位置计算；后者则只需借助 VR 设备自身的传感器进行环境感知与位置计算。当前，基于视觉＋IMU 惯性测量融合的 inside-out 追踪定位技术全面成熟，正规模化应用于头显终端。inside-out 在追踪定位方面已接近 outside-in 的效果，这种省去基站外设的追踪方式符合大众市场发展趋势。

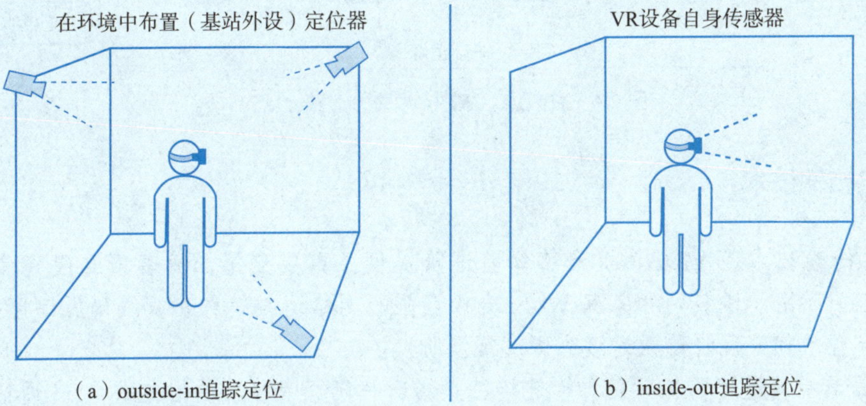

在环境中布置（基站外设）定位器　　　　VR设备自身传感器

（a）outside-in追踪定位　　　　　　（b）inside-out追踪定位

图 2.5　outside-in 和 inside-out 追踪定位系统示意

在 VR 交互方面，VR 控制器输入是当前最为常见的输入方式，手势追踪初步成熟，基于手势追踪的裸手输入、裸手＋控制器等交互外部设备协同共存将成为发展趋势。手势追踪技术的优势在于消减了用户对交互外设的配置操作与购买成本，无须考虑充电配对问题，且手势信息等增强了虚拟现实体验的社交表现力。当前，6DoF 头动追踪仍是 VR 终端的重要交互输入，但在达到沉浸体验门槛后，眼动追踪成为 VR 终端的新标配。眼动追踪技术主要分为基于特征与基于图像的发展路径，该技术发展焦点在于眼动算法如何基于所采集的原始眼动行为来理解用户意图。

五、渲染技术

虚拟现实渲染技术的核心在于渲染质量与效率间的平衡优化，主要包括本地渲染与云渲染两种类型。在本地渲染方面，PC VR 的计算与渲染是在配备 GPU 显卡的 PC 主机上进行处理，VR 头显承担的是音视频输出、交互输入等功能，代表性产品包括 HTC VIVE PRO、Oculus Rift 系列。VR 一体机由于具备独立处理器、支持 HDMI 输入，能够在本地进行独立运算、输入和输出的功能，代表性产品为 HTC VIVE Focus3、Pico Neo 4。沉浸式 VR 眼镜作为轻量级的 VR 设备，则是利用手机、PC 的独立显卡的计算能力，从而为用户渲染显示，代表性产品为 Huawei VR GLASS、HTC VIVE Flow 等。

VR/AR 在强交互应用领域（如游戏）中，渲染负载更高而时延要求更低，成为当前渲染处理技术优化的核心趋势。渲染上云，一方面可解放终端 CPU 配置成本，优化终端渲染效果；另一方面能形成实时内容流并完成实时分发，实现低时延解码。注视点技术模拟人眼效果对注视点以外区域采取模糊化渲染，能显著节省算力，助力于渲染上云。AI 的深度学习技术则可以实现图像降噪、抗锯齿以及减少渲染负载，如图 2.6 所示。

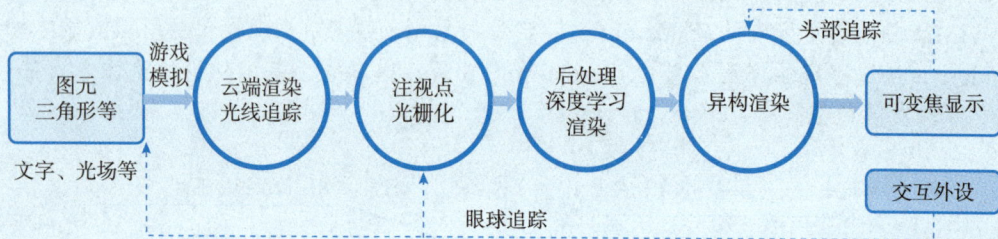

图 2.6　注视点、AI 技术助力渲染上云

六、网络传输技术

网络传输技术为 VR/AR 沉浸感体验进阶提供了重要支撑，随着第五代移动通信技术（5G）商用、承载网和家庭 Wi-Fi 升级增强、网络运维精细化、编码压缩比提高，VR/AR 有望从部分沉浸阶段过渡到深度沉浸阶段。

5G 是具有高速率、低时延和大连接特点的新一代宽带移动通信技术，5G 通信设施是实现人机物互联的网络基础设施。5G 的三大类应用场景包括增强移动宽带（eMBB）、超高可靠低时延通信（uRLLC）和海量机器类通信（mMTC）。由于虚拟现实技术编码率高、交互性强，在 4G 网络下仅可满足 2K 业务，尚难以满足 4K/8K VR 技术在教育教学中的规模部署，须依托于 5G 的上行大带宽、网络低时延等能力满足虚拟现实的进阶体验。此外，多接入边缘计算（multi-access edge computing，MEC）可将密集型计算任务迁移到附近的网络边缘，降低核心网和传输网的拥塞与负担，减缓网络带宽压力，快速响应用户请求并提升服务质量。通过 MEC 边缘服务，可降低云化虚拟现实（Cloud VR）在教育应用中的网络连接和终端硬件门槛，加速教育行业的规模化应用。

根据沉浸感体验的三大关键因素和实际业务指标，可以认为带宽、时延、丢包是影响沉浸感体验进阶的核心关键业务指标，如表 2.2 所示。

表 2.2　沉浸感体验关键要素与网络关键业务指标对应关系

沉浸感体验关键要素	真 实 感	交 互 感	愉 悦 感
相关业务指标	分辨率、帧率、色深、视场角、压缩编码技术	视频初始缓冲时长、运动感知冲突、操作响应时间	卡顿（次数、时长占比）、花屏（次数、时长/面积占比）
网络关键业务指标	带宽	时延	带宽、时延、丢包

知　识　窗

除了以上六种关键技术外，压缩编码技术和安全可信技术也是 VR 技术体系的有力组成部分。

任务实施

步骤一　梳理 VR 技术体系

梳理六大技术下的二级技术名称，如表 2.3 所示。

表 2.3　VR 技术内容

一级 VR 技术名称	二级 VR 技术名称	内　容
近眼显示	光学	光波导、自由曲面、全息显示、超薄 VR
	显示	OLED、Micro LED、快捷响应液晶、LBS 激光显示
3D 建模	传统建模	几何建模、静态建模
	智能建模	AI + 建模、Cloud + 建模
内容制作	弱交互	个性化视频、六自由度视频、常态化 VR 直播
	强交互	全身型虚拟化身、半身型虚拟化身
	支撑技术	OpenVR、WebVR、适配虚拟现实操作系统
感知交互	感知	云 AR、三维重建、环境理解、脑机接口、肌电传感
	交互	眼球追踪、语音识别、触觉反馈、气味模拟、手势追踪、沉浸声场、虚拟移动
渲染计算	渲染 1.0	异步时间扭曲、异步空间扭曲、MultiView、畸变补偿渲染、多分辨率渲染
	渲染 2.0	深度学习渲染、混合云渲染、注视点渲染、注视点光学
	未来渲染	广场渲染、实时路径追踪
网络传输	接入网	5G、RAN
	承载网	架构简化、云端协同、边缘计算、网络分片
	预处理	FOV 传输、H.265 编码、H.266 编码
	数据中心	拥塞控制
	监控运维	智能化运维、自动化运维

步骤二　梳理 VR 技术的发展阶段

思考技术名称的发展现状，在表 2.4 中用不同的颜色区分各 VR 技术的发展阶段（起步期、发展期、成熟期）。

表 2.4　VR 技术内容发展阶段

一级 VR 技术名称	二级 VR 技术名称	处于起步阶段	处于发展阶段	处于成熟阶段
近眼显示	光学	全息显示	光波导	自由曲面、超薄 VR
	显示	—	Micro LED、LBS 激光显示	OLED、快捷响应液晶
3D 建模	传统建模	—		几何建模、静态建模
	智能建模	—	AI + 建模、Cloud + 建模	—
内容制作	弱交互	—	个性化视频、六自由度视频	常态化 VR 直播
	强交互	全身型虚拟化身	半身型虚拟化身	
	支撑技术	—	OpenVR、WebVR、适配虚拟现实操作系统	
感知交互	感知	脑机接口、肌电传感	云 AR、三维重建、环境理解	inside-out、outside-in
	交互	—	眼球追踪、语音识别、触觉反馈、气味模拟、手势追踪、沉浸声场、虚拟移动	—
渲染计算	渲染 1.0	—	—	异步时间扭曲、异步空间扭曲、MultiView、畸变补偿渲染、多分辨率渲染
	渲染 2.0	混合云渲染	注视点渲染、注视点光学、深度学习渲染	—
	未来渲染	光场渲染、实时路径追踪	—	
网络传输	接入网	—	IEEE 802.11 ay、60GHz Wi-Fi、50G PON	5G RAN、10GPON、IEEE 802.11 ax/ad
	承载网	—	云网协同、边缘计算、架构简化	网络分片
	预处理	—	H.266 编码	H.265 编码、FOV 传输
	数据中心	—	拥塞控制	—
	监控运维	—	智能化运维	自动化运维

任务思考

目前，VR 技术所取得的绝大部分成就，却只是扩展了计算机的接口能力，刚刚开始涉及人的感知系统、肌肉系统与计算机的集合作用问题。研究人员也针对此问题进行了大胆的假设并进行验证。请思考人和信息处理系统间的隔阂存在于哪些方面？

课后拓展

Cloud VR 是一种将 VR 技术与云计算技术相结合的算法，是 VR 发展的最佳选择之一。

在 Cloud VR 中，处理和渲染工作从用户的本地设备转移到数据中心的服务器上，具有更高的处理能力和存储容量，能够以更高的帧率和更优质的画面运行交互式 3D 应用程序。用户只需负责与设备的交互和接收设备的反馈。

Cloud VR 技术应用具有以下几大优势。

1. 降低硬件成本

无须购买昂贵或难以维护的硬件设备，只需使用普通或便携式终端设备即可访问和使用云端服务器上运行的 VR 应用。

2. 提升网络性能

不依赖于局域网或广域网连接，通过一个链接或轻量化微端实现与云端服务器之间的实时音视频流传输，提升网络性能和稳定性。

3. 增加内容多样性

通过访问云端服务器上运行的丰富多样的 VR 应用，用户可以随时随地享受到最新、最热的 VR 内容。

4. 优化体验效果

无须担心硬件设备或网络连接不足以支持高品质的 VR 体验，可根据喜好和需求调整画面质量、交互方式和音效等参数。

任务 2.2　AIGC 技术赋能下的虚拟现实技术发展之路

情境描述

随着科技的不断发展，VR 和 AR 技术越来越受到人们的关注。然而，要创造出一个完全虚拟的世界是非常困难的，需要投入大量的工作和成本。这时，AIGC 技术便成为一个备受关注的话题。那么，AIGC 与 AR/VR 技术有什么关系？在本任务中，我们一起深入探讨一下。

学习目标

素质目标	提升举一反三的能力，强化科技强国的信念
知识目标	1. 了解 AIGC 的概念； 2. 了解 AIGC 在虚拟现实技术中的应用前景
能力目标	以 AIGC+VR 的应用案例为引导，能够应用科学高效的方法，总结分析 AIGC+AR 的行业应用前景

建议学时

4 学时。

知识加油站

一、AIGC的基本概念

AIGC是一种新的人工智能技术，它的全称是artificial intelligence generative content，即人工智能生成内容。

AIGC在虚拟现实中的应用主要体现在虚拟现实交互影像设计、虚拟数字人技术和3D技术的结合上。AIGC技术通过角色建模、场景构建、动画渲染、风格迁移和交互设计等方面的应用，显著提升了虚拟现实交互影像的沉浸感和交互效果。在虚拟数字人技术方面，AIGC通过自然语言处理（natural language processing，NLP）、计算机视觉（computer vision，CV）和生成对抗网络（generative adversarial nets，GAN）等技术，使得虚拟数字人能够进行自然语言交流、面部表情和姿态识别，以及生成高度逼真的图像和视频。同时，AIGC技术的应用使得虚拟数字人的生产实现了工业化，通过融入3D人脸扫描、贴图扫描技术、智能绑定算法等，大幅降低了高质量3D模型的生产成本和时间。

二、AIGC和VR/AR之间的关系

在现实世界信息密度越来越大的今天，VR和AR技术被寄予了相当高的期望。AIGC在VR和AR中的应用潜力是巨大的，因为它可以动态生成身临其境的资产和交互，满足用户的个性化需求。

在VR/AR行业中，大量定制化内容的开发和制作所需的人力、物力和时间，远远高于传统互联网里的视频、图像、文字、语音等线性资产。而AIGC可以提供高效的3D资产生成方案，通过自动生成逼真的数字内容，为用户提供身临其境的体验，并极大地增强VR/AR应用的可用性和吸引力。

Meta公司曾公布一款AI生成模型——Builder Bot，该模型允许人们用语音描述一个世界，人工智能自动生成其各个方面内容，并展示了用人工智能系统Builder Bot创建虚拟空间的过程。如图2.7所描绘的场景里，用户想要什么、去哪里，只需要语音命令，就可以快速得到答案。更值得一提的是，Builder Bot还可以播放不同的音乐。

图2.7 语音控制下Builder Bot创建的虚拟空间

三、AIGC技术在虚拟现实中的应用前景

1. 虚拟游戏的智能化

随着 AIGC 技术的发展，AI 技术可以赋能游戏制作的多个模块（见图 2.8），使虚拟游戏更加智能化。虚拟人物可以通过学习和适应用户的行为，做出更加智能和真实的反应。而且，虚拟游戏可以通过 AIGC 技术生成更加具有挑战性和刺激性的关卡和任务，提升游戏的娱乐性和可玩性。

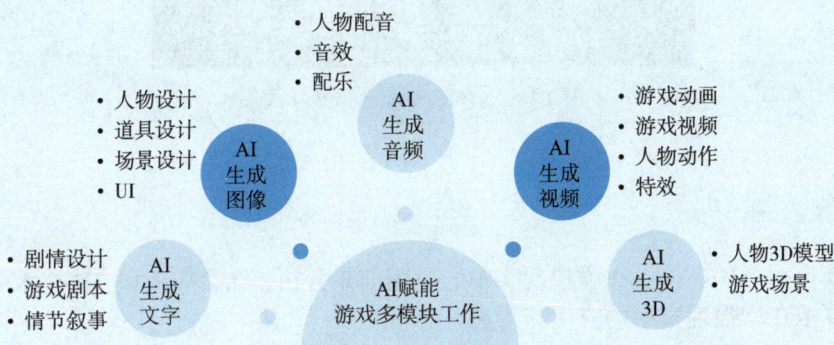

图 2.8　AIGC 赋能游戏制作

2. 虚拟教育的改进

VR 技术在教育领域的应用已经取得了一些成果，但是由于虚拟人物的智能程度不高，教育效果有限。而借助 AIGC 技术，教师为学生群体甚至学生个人，创建个性化学习路径，并利用 VR 技术，创建引人入胜的场景模拟和训练工具，学生可以与逼真的虚拟环境互动，让学习变得更有吸引力，如图 2.9 所示。

图 2.9　AIGC 赋能虚拟课堂

3. 虚拟旅游的升级

VR 技术已经在旅游领域得到了广泛应用，通过 AIGC 技术，虚拟旅游可以更好地根据用户的兴趣和需求进行推荐和定制，使用户可以更加全面地了解目的地的文化和风貌，提升用户对旅游的满意度。同时，AIGC 也为虚拟数字人导游的个性化发展提供了支持（见图 2.10）。通过大数据分析和用户行为追踪，虚拟数字人可以学习用户的喜好

和习惯，从而提供更加个性化的服务。

图 2.10　AIGC 赋能虚拟数字人

任务实施

基于前期对 AIGC 技术在虚拟现实中的应用前景分析，结合 VR 和 AR 技术的异同点，对 AIGC 技术在增强现实中的应用前景展开分析。

步骤一　AR 导航技术的提升

目前 AR 导航技术主要通过在用户视野中叠加导航信息来帮助用户找到目的地。但是，受信息获取和理解的限制，用户在使用过程中仍面临定位不准确、路线不清晰等问题。借助 AIGC 技术，导航设备可以更加科学地分析用户的行驶习惯和路线偏好，自动、实时调整导航路线，并将虚拟的导航信号叠加到显示驾驶环境中，提供更加科学和个性化的导航服务（见图 2.11）。

图 2.11　AIGC 赋能下的 AR 导航

步骤二　AR 技术的实时翻译改进

随着全球化的发展，人们之间的语言交流变得越来越重要。而 AR 技术为实时翻译提供了新的可能，AR 眼镜成为此功能的重要载体（如 Meta Ray-Ben）。借助 AR 和 AIGC 双重技术，AR 眼镜可以成为用户全场景的便携智能助理，在演讲、直播、主持等场合，用户可以通过眼镜镜片实时查看文字提示和翻译信息，帮助用户更好地进行跨语言交流。

步骤三　AR 技术的医疗应用

AR 技术在医疗领域的应用前景广阔。AIGC 技术可用于改善导诊、护理协调和医疗保健服务。通过对话交互，医生可以通过 AR 设备观察和分析患者的身体信息，还可快捷轻松地查看患者病历、研究刊物和医疗政策中的数据，辅助诊断和手术操作。而对于患者来说，AR 技术可以为其提供更加清晰和直观的医疗信息、提供有关医疗和药理学实践的个性化指导，加快智能文档处理，从而为患者就诊提供更加便利的服务，增强其对治疗的信心。

任务思考

既然 AIGC 技术的核心理念是利用 AI 技术辅助人类进行数字资产的低成本、高效、高质量生产，那么人类的创新力如何和机器辅助融合？ AI 技术可以代替人类的创造力吗？请辩证思考以上问题。

课后拓展

近几年，LED XR 虚拟棚作为一个新兴技术，在国内外发展迅速。其应用丰富，成为颠覆内容制作流程的全新技术，并迅速成为国内外综艺、广告、影视等制作的重要载体。LED XR 虚拟棚是高精度 LED 显示技术、VR 和 AR 技术发展的产物，其应用的好与坏，除先进的底层技术支撑外，核心在于创意和数字舞美的设计和生产。

目前 AIGC 不仅支持文本、声音、图片、视频等全媒体类型的数据生成，还可以实现跨模态的内容创作。利用 AIGC 技术辅助生成和设计数字舞美能够自动生成设计、提供创意灵感与辅助、智能优化与可视化，并实现实时反馈和模拟，可以大幅提升 LED XR 虚拟棚数字舞美设计的效率和创新性。AIGC 技术和 XR 技术的结合如图 2.12 所示，让 LED XR 虚拟棚在媒体行业发挥着越来越重要的作用。

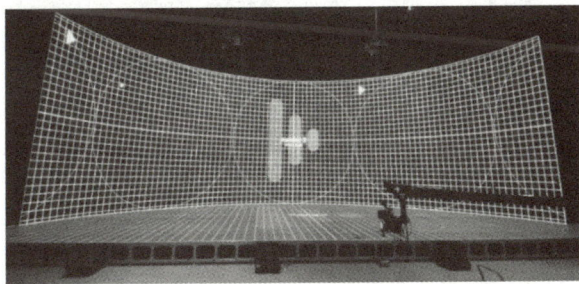

图 2.12　芒果 XR 综合虚拟棚

项目自测

1. 知识检测
（1）简述支撑虚拟现实发展的六大底层技术。
（2）当前主流 VR 头显设备消除眩晕感的三个指标是什么？
2. 话题思考
（1）与传统课堂学习模式相比，AIGC 赋能下的 VR 课程的优劣有哪些？
（2）VR 技术的进步给一些领域带来的消极影响是否大于积极影响？

学习成果实施报告书

题目					
班级		姓名		学号	

任务实施报告
1. 请搜索近 3 年内有关虚拟现实技术革新的新闻报道，筛选出其中一条，从报道中归纳和课程内容相关的三个知识点并进行罗列，并简述你对该技术的未来预期，要求 800 字左右。   2. 请畅想人类虚拟嗅觉感知交互下的应用场景，并将你的大胆构想以思维导图的形式绘制出来。

考核评价（按 10 分制）		
教师评语：	态度分数	
	工作量分数	

考评规则
工作量考核标准如下。 1. 任务完成及时。 2. 操作规范。 3. 实施报告书内容真实可靠，条理清晰，文本流畅，逻辑性强。 奖励：每通过一篇实施报告，记 1 分；特推文章，记 2 分；通过图片结合文章，记 3 分；微博朋友圈原创优秀文章（推荐得当、文笔清晰，有思想和个人的独到观点），记 5 分；点赞超过 20，记 1 分。 惩罚：没有完成工作量，扣 1 分；故意抄袭实施报告，扣 5 分。

虚拟现实应用多点开花

项目导读

近年来，在元宇宙概念的加持下，VR 技术凭借其特有的沉浸感、交互性、构想性等特征，在各行各业中的应用崭露头角，甚至带来了新一轮的产业革命。本项目针对 VR 技术的应用场景展开探讨，引导学习者辨证思考未来的机遇和挑战。

任务 3.1　VR 赋能教育培训领域

情境描述

伴随全球化进程的深度推进和新一代信息技术的广泛应用，实现教育全球化的愿景指日可待。无边界教育、无边界学习逐步在各个阶段的学习者身上出现。我们希望借助科技的力量，可以突破地域、时间的限制，享受 VR 技术带来的教育红利，沉浸式体验知识、技能和心智提升的喜悦感。小 V 同学也有此学习凤愿，作为航天爱好者，他选修了学校的"航空航天概论"课程。除了学习理论知识，他希望能借助 VR 技术，获得身临其境的学习体验。请为他规划合理的学习项目吧。

学习目标

素质目标	提升信息收集、整理能力，弘扬中国航天精神
知识目标	1. 了解 VR 技术在教育领域的应用场景； 2. 了解目前 VR 赋能教育领域的现状
能力目标	掌握线上搜索 VR 应用资源的能力

建议学时

4 学时。

知识加油站

一、国内外"VR+教育"培训政策梳理

国内政策起步于 2006 年，在国务院 2006 年的《国家中长期科学和技术发展规划纲要（2006—2020 年）》中，VR 技术被列入信息技术领域需要重点发展的 3 项前沿技术之一。但政策真正开始大面积落地出现在 2017 年之后，"十四五"期间国家在"VR+ 教育"培训领域发布的相关政策信息如表 3.1 所示。彼时海外的"VR+ 教育"产业已经相对成熟。

表 3.1　中国近年"VR + 教育"培训领域相关政策

文　件	发布日期	行业政策及事件
《中华人民共和国国民经济和社会发展第十四个五年规划和 2035 年远景目标纲要》	2021 年 3 月	将"加快数字发展建设数字中国"作为独立篇章，明确把虚拟现实和增强现实和云计算、大数据、物联网、工业互联网、区块链、人工智能作为七大数字经济重点产业
《5G 应用"扬帆"行动计划（2021—2023 年）》	2021 年 7 月	加快 5G 教学终端设备及 AR/VR 教学数字内容的研发，结合 AR/VR、全息投影等技术实现场景化交互教学，打造沉浸式课堂
《虚拟现实与行业应用融合发展行动计划（2022—2026 年）》	2022 年 11 月	在工业生产、文化旅游、融合媒体、教育培训、体育健康、商贸创意、智慧城市等 VR 重点应用领域实现突破
《元宇宙产业创新发展三年行动计划（2023—2025 年）》	2023 年 9 月	推进构建虚拟教室、虚拟实验室等教育教学环境，鼓励通过平台共享虚拟仿真实验实训资源，扩大优质教育资源覆盖面

海外政策起步时间相对更早，相关产业成熟也相对更早。美国克林顿政府于 1993 年宣布实施的"国家信息基础设施（national information infrastructure，NII）"计划为分布式虚拟现实的研发和应用奠定了基础。美国斯坦福大学的教授早在 2003 年便与学生一起创办虚拟人类交互实验室，此后还开展了多个与 VR 相关的研究项目。

二、VR技术在中小学教育中的应用

1. 在普通中小学教育中的应用

通过 VR，学生们可以在外太空进行虚拟考察，可以观察人体解剖学的分子结构，也可以在家里和学校观看法国埃菲尔铁塔。VR 给学生们创造了一个栩栩如生的虚拟世界，在这个虚拟世界中，学生们可以以一种全新的方式观察周围的环境，学习新的概念以及探索那些现实中难以涉足的遥远领域。VR 场景教学更具吸引力、更有效、更公平。目前 VR 技术服务于中小学教育，一般包含以下方面。

1）科学课实验操作

很多危险性高的科学实验，不适合在中小学课堂上开展，师生可以借助 VR 技术，通过 VR 头显、VR 手套和传感器（见图 3.1），参与到实验过程中，极大提升了学生的参与度与临场感。

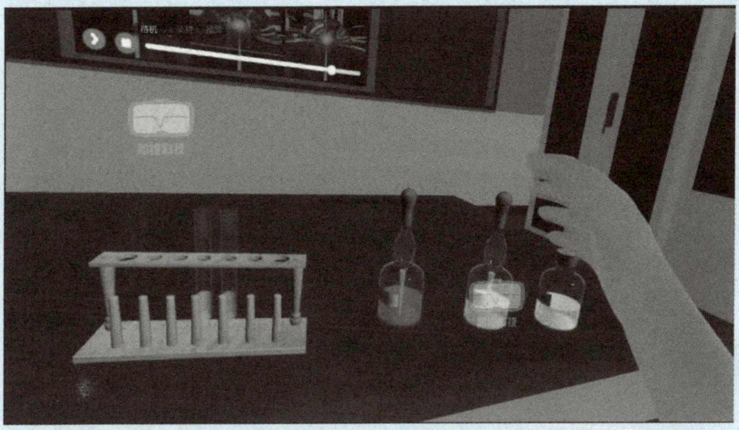

图 3.1　虚拟实验室

2）开展安全教育

在现实世界中，针对火灾、地震、洪灾等灾害，平时开展的安全教育大多数都是基于书本的图文教学，但是借助 VR 技术就可以实现现场教学。火灾安全教育场景如图 3.2 所示，体验者置身于 VR 技术搭建出来的模拟灾害环境面前，感受到头晕、站不稳，甚至有灼伤感。这种逼真的环境，迫使体验者习得如何逃生、如何处置灾害、如何保护自己以及如何帮助别人的技能，这种真实的体验，胜过千万次书本教学。

图 3.2　利用 VR 技术开展火灾安全教育

3）开展综合素质课程

现在很多学校都会给学生开设职业体验教育课，现实中常见的"比如世界"就是典型的案例，学生可以在其中体验消防员、医生、律师、船员、宇航员等职业，甚至囚犯等角色。借助 VR 技术，很多学生可以线上选择各类职业或者角色，通过设备及技术，使自己完全沉浸在虚拟环境中，体验角色的工作内容及专业挑战，如图 3.3 所示为 VR 角色扮演类游戏场景。

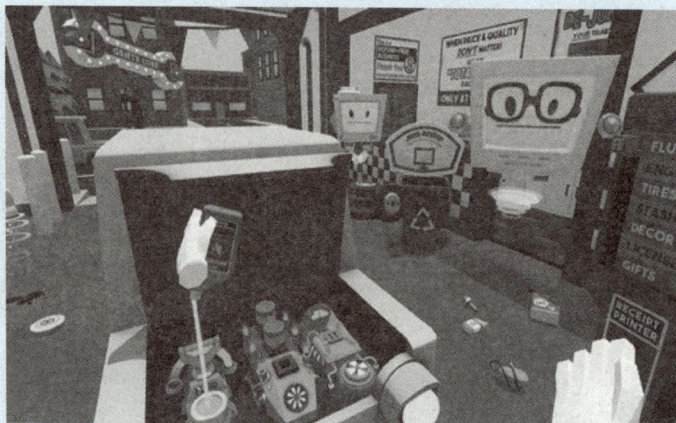

图 3.3　VR 角色扮演类游戏

2. 对特殊教育的关注

在特殊教育上，VR 技术帮助患有自闭症谱系障碍（autistic spectrum disorder，ASD）、注意力缺陷多动障碍（attention deficit hyperactivity disorder，ADHD）等症状的学生进行正常学习。目前研究人员设计了一种基于虚拟智能体的技术方案并应用到特殊教育上。虚拟智能体具有感知能力，用户通过感知到的信息产生相应的情绪，从而产生相应的行为，在特殊儿童的干预教育中，可以结合体感和语音，建立情景化虚拟康复环境。例如，为自闭症儿童设计一个社交能力训练的三维虚拟现实游戏，该游戏包含一个虚拟社区以及陪伴的虚拟智能体。该虚拟社区涵盖了日常生活中的典型场景，如水果店、理发店等，如图 3.4 所示。

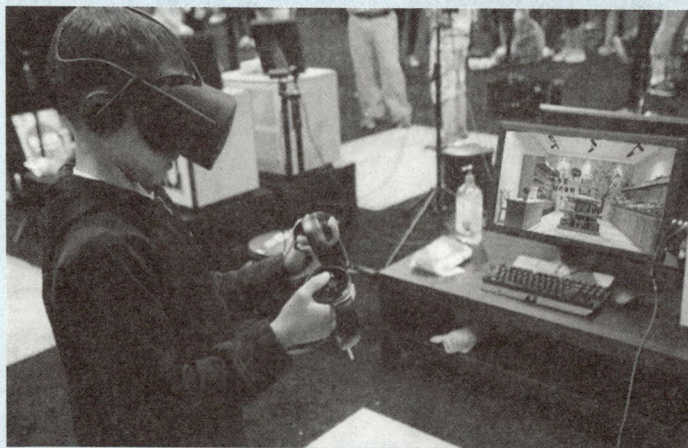

"星星的孩子"可触碰的 VR 技术红利

图 3.4　针对自闭症儿童康复的 VR 游戏

三、虚拟现实技术在职业教育中的应用

1. 虚拟仿真实训基地的建设解决职业教育"三高三难"问题

国内方面，VR 赋能职业教育注重虚拟仿真实训基地的建设，解决实训教学过程中高投入、高损耗、高风险和难实施、难观摩、难再现的痛点和难点，简称"三高三难"，服务新时代复合型技术人才培养、服务"双师型"教师队伍建设、服务企业员工和各类人员就业培训、服务区域经济转型升级和乡村振兴，服务行业企业技术创新，服务"一带一路"沿线国家和地区发展。《职业教育提质培优行动计划（2020—2023 年）》指出未来将遴选 100 个左右示范性虚拟仿真实训基地。

国外方面，动手能力要求较高的专业如电气、机械、临床医学等，实训需求较大的专业如供应链管理、金融投资、计算机编程等，在虚拟仿真实验室建设方面均有布局。如图 3.5 所示，电气专业学生正利用虚拟仿真模型完成焊接精准度训练。

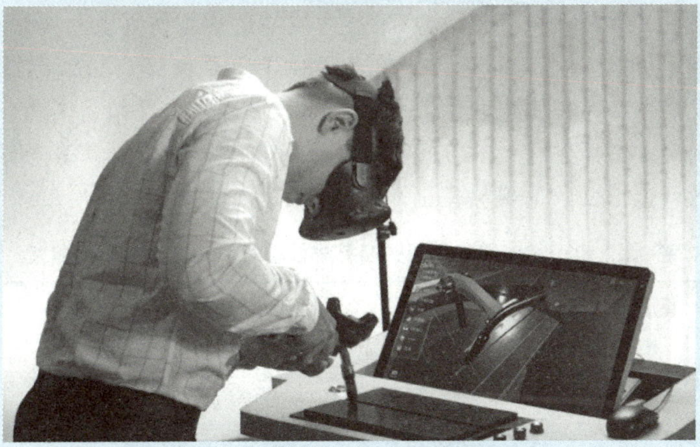

图 3.5　VR 技术赋能电气类技能人才培养

2. 应用场景多点开花

在国内，代表性的 VR 技术赋能职业教育场景包括 3D 互动教学系统和飞行仿真实训系统等。我国飞行员的日常训练，已引入虚拟仿真模型，以提升飞行员在太空飞行的临场感和特殊故障的处理能力，如图 3.6 所示。一些职业院校的汽修专业，也在积极构建虚拟仿真实训基地，满足学生的实训需求，提升其动手操作的能力，如图 3.7 所示。此外，国家电网、美的等企业不断引入 VR 技术用于员工培训，目前已有曼恒科技、壹传诚等企业实现了相关业务商业化。

在国外，美国 Inlusion 推出飞机维修 VR 培训系统助力 VR+ 机务发展；沃尔玛在 2018 年就大规模部署 VR 设备，使用 OculusRift 和 STRIVR 内容为百万员工进行 VR 培训，包括新产品和新服务，以及顾客应对的训练等；2021 年美国银行宣布在北美近 4300 个金融中心用 VR 技术进行软技能培训，涉及约 5 万名员工。

图 3.6　VR 技术赋能飞行员日常训练

图 3.7　汽车发动机虚拟仿真实训模型

四、虚拟现实技术在高等教育中的应用

2019 年，教育部正式启动"六卓越一拔尖"计划 2.0，全面推行"四新"建设，包含新工科、新医科、新农科和新文科。VR 技术支持的虚拟仿真实验实践教学为新工科、新医科、新农科和新文科的高质量人才培养提供了重要保障。2024 年 3 月，教育部教育技术与资源发展中心（中央电化教育馆）公布了高等学校虚拟仿真教学创新实验室项目名单，最终确定 173 所学校的 325 个教学团队为高等学校虚拟仿真教学创新实验室项目，其中山东区域部分立项的实验室名单如表 3.2 所示。

表 3.2　山东区域部分立项的高等学校虚拟仿真教学创新实验室

学　　校	项 目 名 称
青岛大学	医学虚拟仿真实验中心
	智能制造与智能控制系统虚拟仿真教学实验室
青岛工学院	上合虚拟仿真数字文化创新实验室
青岛科技大学	化工过程与装备虚拟仿真教学创新实验室
青岛理工大学	土建工程理实一体化虚拟仿真教学实验室
青岛农业大学	植物保护虚拟仿真实验创新教学中心
	电子显微镜虚拟仿真教学中心
山东大学	生物学虚拟仿真实验教学中心
	旅游管理虚拟仿真教学实验室
	新型电力系统运行分析与控制虚拟仿真创新实验室
	自动化与智能系统虚拟仿真实验室
	护理学虚拟仿真实验教学中心
	数字化设计与制造虚拟仿真教学创新实验室
	医学虚拟仿真创新实验室

　　创建虚拟仿真教学资源库成为一些高校优化教育信息化的重要手段之一。新工科下的水环境化学（见图 3.8）、建筑给排水（见图 3.9）等专项研究均通过建立虚拟仿真模型，为研究者提供沉浸式的原理剖析场景，从而提升专业认知。

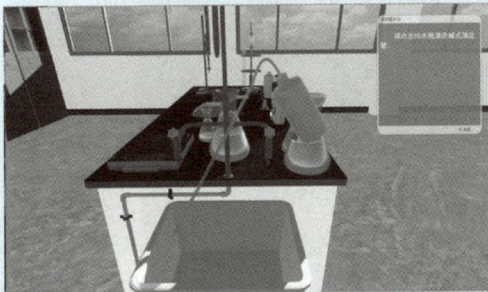

图 3.8　水环境化学实验虚拟仿真模型　　　　图 3.9　建筑给排水虚拟仿真模型

　　人文社科的实践教学环节一直被忽视，使其长期处于"纸上谈兵"的状态，虚拟仿真实验实践教学为新文科背景下的创新人才培养提供了新思路。依据情境学习理论原理，VR 技术通过模拟真实世界的物理或社会情境，允许学习者参与其中，通过与虚拟环境的持续互动，完成对知识的意义建构，建成虚拟仿真实验室，例如，多语种虚拟仿真实验室、跨境电商虚拟仿真实验室、公共卫生危机事件新闻采访虚拟仿真实验室等。

　　除专业课程外，国外高校还注重培训学生的软技能，开发了一些项目。例如，英国的 Career Mindset Development 是由 Bodyswaps 开发的交互式 VR 模拟系统，锻炼学生的表达能力；密歇根大学利用沉浸式技术，培养学生的软技能和领导力。企业也重视员工的软技能培训，如 2022 年 11 月，沉浸式学习软件提供商 Bodyswaps 宣布与 Meta 合作，为 VR 软技能培训提供资助。

五、VR技术在党员思想教育中的应用

　　在新时代的党建工作中，VR 技术的应用也开始成为一种普遍的趋势。沉浸式、交互性的党建主题，让体验者能够身临其境地感受爬雪山、大渡河等场景，通过 VR 技术，提升党建科技感，提高趣味性。

　　利用 VR 技术，创建主题性党员教育基地（见图 3.10），党员可以更加直观、生动地感受党的理念和精神，使得传播党的宣传教育成为可能。通过虚拟空间和虚拟形象建立起更加生动、真实的党建场景，使党员能够更加直观深入地了解和学习党的理论与精神。在这样的场景中，党员可以更加深入地感受到党建工作的重要性和意义。同时，在人员分散的地区或条件限制的情况下，VR 技术提供更加广泛和有效的交流平台，党员可以通过虚拟场景与各地的党员进行交流。例如，可以通过 VR 技术在虚拟空间中进行研讨和交流，避免了人员聚集、时间规划不合理等问题，还可以节约大量人力、物力等资源，从而减轻财务压力。

图 3.10　VR 党员教育基地

任务实施

步骤一　了解 VR 技术在航空航天教育领域的应用概况

　　VR 技术在航空航天领域的应用具有重要的意义，它可以改变传统的训练、设计和模拟等工作的工作方式。因航天活动具有高风险、高投入、应用环境与地球差异巨大等特点，早期的航天科普教育方式方法局限于模型制作、图片与视频展示等形式。随着 VR 技术的发展，我国各大科研机构和高校的航空航天领域相关专业，相继配置了一批独具特色的虚拟仿真实验教学平台，对中国空间站、飞行器、各类操作台等的相关环节开展仿真研究，运用模块化的设计理念，搭建出各类航空航天任务场景，为航空航天学习者提供沉浸式的体验、观察、训练情境，提升航空航天领域的教育效果和学习者的体验感，如图 3.11 所示。

图 3.11　VR 太空体验基地

步骤二 太空漫步体验

在都市生活中，我们在商场里经常看到 VR 付费体验项目，其中很多主题就是围绕航空航天展开的。利用 VR 技术，360° 全景展示航空航天情景，享受航空中的失重、飞行、旋转等快感，模拟月球、太空、空间站等丰富场景，从而提升体验者航空知识的学习兴趣。除了太空视觉体验外，还可以利用 VR 技术，模拟航天员的操控，如图 3.12 所示。在 VR 全景航空航天模拟驾驶舱，720° 飞行运动模拟轨迹，可通过纵向、横向两个方向组合，实现 180°、360°、720° 大幅度翻转，让体验者在驾驶舱中，拥有各种飞行状况的真实操纵感。

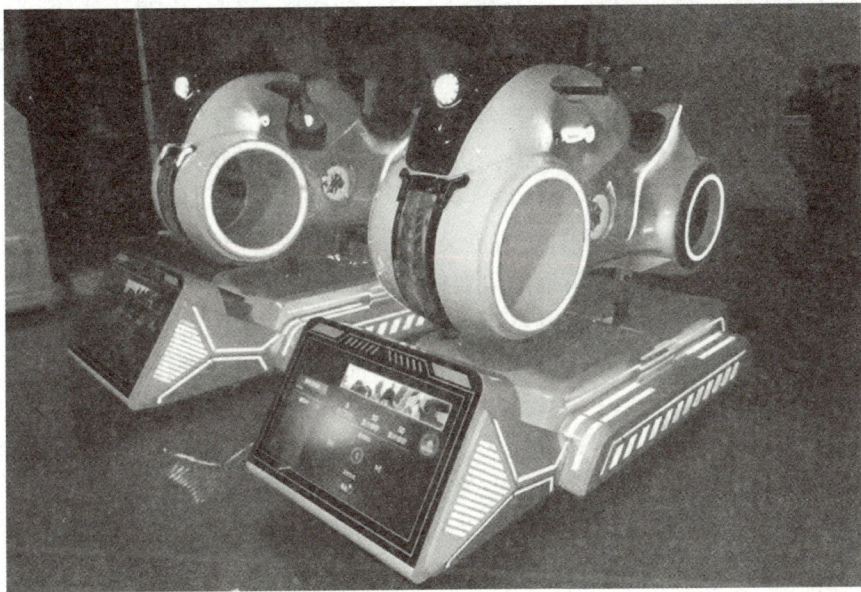

图 3.12 VR 技术模拟驾驶舱

步骤三 研究基于 VR 技术的应急跳伞体验

将 VR 技术应用在应急跳伞训练中，在环境适应性强、内容丰富多样化程度高、危险系数小、训练成本低等方面有着极其明显的优势，是航空航天领域模拟训练的新方向与新思路。而伞降虚拟训练则可以弥补伞降实际训练面临的多项不足，通过三维实景虚拟仿真软件，使训练者可以通过屏幕了解伞降全过程并进行模拟训练，对训练者的空中开伞动作练习具有理想的训练效果，对在空中遭遇、处置突发状况并提升参训人员安全度具有实际意义。

利用 VR 技术和真实地形构建技术，构建更接近跳伞现实的跳伞着陆训练仿真系统，可解决着陆训练的难题。利用地面设备模拟跳伞着陆场景，可以有效缩短训练周期，降低训练消耗和安全风险，有效提高跳伞运动员的训练水平，降低训练者的紧张程度，可取得显著的训练效果。

步骤四 梳理 VR 媒介下航天文化的传播方式

航天文化涵盖内容广，科技含量高，通过 VR 媒介将晦涩难懂的航天专业知识进行互动展现，将航天文化的延续性、高科技性与 VR 媒介的互动性、多元性相结合，是航天文化传播的崭新方式。

1. 产品体验式

航天产品是航天文化的重要组成部分。神舟飞船、长征火箭、探月车等都是传播航天文化的重要物质载体，这些产品对人们有着巨大的吸引力，但是由于多种原因，人们难以近距离接触到这些航天产品，更不用说进行实际操作体验。VR 媒介的主要特点就是赋予人们探索未知世界的强大主观能动性。使用 VR 技术，模拟航天产品实际操作，让人们实际参与，对航天文化的传播有着良好的作用。

例如，模拟神舟飞船太空飞行和太空实验，可以使用机械技术制作太空舱，利用 VR 技术制作太空舱环境。结合 VR 头显、手柄、动态感应器，配合三维投影，体验者可以模拟操纵神舟飞船进行太空飞行、与地面控制中心通信，通过操控控制面板，控制仪器设备进行太空实验。这种互动式任务体验虚拟仿真系统，可以提供多种太空任务体验，便于扩展，互动效果良好，使体验者通过模拟使用航天产品，体验航天员的工作环境，了解航天员的艰辛工作，学习航天知识，切身感受航天精神和航天科技的巨大魅力。

2. 情景再现式

航天文化中的英雄事迹体现了爱国主义、爱岗敬业和勤劳奉献精神，传承这些英雄事迹和发扬航天精神是航天文化传播的重要任务。通常主要使用图书、音像等方式进行航天文化的宣传教育，但是这类方式基本以单项灌输为主，而且受限于资料缺失和保密等原因，使得航天英雄事迹和航天活动的传播内容，还需要人们自行进行加工想象，这就降低了宣传和教育效果。

对于航天文化中航天英雄事迹和航天精神的解读，可使用 VR 技术对传播内容重新进行包装，借助媒介特质对传播内容进行改造，使用仿真手段将已经发生的故事重现，营造逼真的历史环境，塑造虚拟的仿真人物，让人们置身于故事环境中，近距离接触航天英雄，听他们讲述英雄事迹。这样就可以凭借多种交互手段，交流互动，提升人们的沉浸感，将传播内容入脑。

3. 个性碎片化

随着生活节奏越来越快，信息技术发展日新月异，面对海量媒体信息，人们接受文化传播的程度反而缩小，个性化需求越来越强烈，根据自身爱好和认知选择传播内容和方式也各不相同。同时，人们工作节奏快，也导致很多人在媒体消费的时间越来越碎片化。人们通常在等候交通工具时、行程中接受媒体带来的碎片化信息。

使用 VR 媒介进行航天文化传播，可以对传播信息碎片化处理，将丰富的航天文化信息按照不同主题、不同受众群体和不同交互方式进行分类，利用互联网平台和智能算法进行定向推送，利用 VR 媒体的交互性和多样性吸引更多人参与了解，扩大航天文化传播范围。

任务思考

学习是一个考验专注力和抗干扰力的过程。当把 VR 技术带入教育环节，会带来怎样的劣势呢？长时间近眼观看，容易让学习者产生眩晕感，这是 VR 技术领域一直没能彻底解决的问题。VR近眼显示最核心痛点在于长久佩戴会产生眩晕感。我们把用户视觉和听觉的内容置于虚拟世界时，用户的体感（内部感觉、身体受力感、运动感）还是在现实世界中，当我们在虚拟世界中移动时，却没有感受到身体有同样地移动，就很容易感到眩晕。越是低廉的VR设备，画面延迟、刷新率和分辨率参数越不理想，更容易造成眩晕感。学习者可能在虚拟世界中不久就会眩晕，不得不中止学习。

🌐 课后拓展

创新创业理念是当今时代的热点话题。创客教育也成为素质教育范畴的重要分支。创客教育是创客文化与教育的结合，是基于学生兴趣，以项目学习的方式，使用数字化工具，倡导造物，鼓励分享，培养跨学科解决问题能力、团队协作能力和创新能力的一种素质教育。集创新教育、体验教育、项目学习等思想为一体，契合了学生富有好奇心和创造力的天性。

结合当前教育行业对创客教育的需求痛点，请设计针对初中生的VR智慧创客教室，从硬件、软件、内容等方面规划VR创客教室的搭建路径，生成初期项目报告书。

任务3.2　VR赋能工业生产领域

💡 情境描述

随着数字化技术的迅猛发展，数字化转型已经成为各类制造业未来发展的趋势。数字化转型不仅可以提高生产效率，还可以优化安全管理和环境保护，同时帮助企业针对市场变化做出灵敏反应。在数字化转型的趋势下，人工智能、物联网、虚拟现实和大数据等数字化技术将会被广泛应用。李工是一名新材料研发生产企业的高级工程师，拥有宏大的职业梦想，力求借助新的科技手段，提升工厂生产和运营的智能化。工业数字孪生是李工最近深度思考的变革切入点，请从生产洞察、工厂管理、设备管理、可视化工厂、智能协同等几个方面，为李工提供一份基于数字孪生技术的工厂改革建议书。

🎯 学习目标

素质目标	提升信息收集、整理能力，培养深度思考的能力，弘扬爱岗敬业的精神，树立"数智赋能"赋能"大国重器"的理念
知识目标	1. 了解VR技术在工业生产领域的应用场景； 2. 了解目前VR技术赋能工业生产领域的现状
能力目标	1. 掌握线上搜索VR技术相关资源的能力； 2. 掌握核心概念的信息整理、解读能力

⏰ 建议学时

4学时。

📚 知识加油站

一、"VR+工业生产"发展概况

《虚拟现实与行业应用融合发展行动计划（2022—2026年）》要求，"VR+工业生产"围绕重点垂直行业领域，推动虚拟现实和工业互联网深度融合，支持VR技术在设计、制造、运维、培训等产品全生命周期重点环节的应用推广，强化与数字孪生模型及数据的兼容，促进工业生产全流程一体化、智能化。支持工业企业、园区利用VR技术优化生产管理与节能减排，实现提质、增效、降本。发展支持多人协作和模拟仿真的虚拟现实开放式服务平台，打通产品设计与制造环节，构建虚实融合的远程运维新型解决方案，打造适配各类先进制造技术的员工技能培训新模式，加速工业企业数字化、智能化转型。目前，虚拟现实平台及其产品已在化工、飞机、汽车、船舶等行业的大型装备制造中实现广泛应用，帮助客户进行工业自动化过程模拟的仿真研究。

1. VR技术在设计研发过程中的应用

在研发过程中，VR技术能展现产品的立体面貌，使研发人员全方位构思产品的外形、结构、模具及零部件配置的使用方案。同时，VR技术可提升项目成员的协同效率，来自世界各地的研发人员可佩戴VR眼镜，一同进入虚拟模型研发现场，探讨各类技术难题，如图3.13所示。

图3.13　VR技术应用于工厂研发环节

2. VR技术在装配环节中的应用

对于制造工艺极为复杂的工业产品（如船舶），为降低制造难度，便于运输与维修，提高工业产品的建造效率与质量，生产厂商均采用分段装配的方式进行制造。然而目前分段装配缺少完善的验证方法，大多是由设计人员基于经验进行规划，并且通常需要在装配过程中不断完善，十分影响制造进度。平面图纸的局限性，导致复杂工艺无法精准表现，而"VR+装配工艺流程"在设计阶段就可以开始装配仿真工作。在针对可装配性进行分析时，相较于基于经验的传统规划方式，VR技术辅助工程技术的优势尤为明显，可以不计成本地在虚拟环境中试错，快速制订改制方案，如图 3.14 所示。

图 3.14 VR 技术应用于产品装配环节

3. VR 技术在系统检修工作中的应用

VR 技术可以在设备检修前模拟其结构和工作原理，以此让检修人员熟知设备各个部件的位置和运行方式，以便在实际检修时可以更加熟练且准确地进行操作。VR 技术还可以模拟不同故障情况下的设备运行状态，帮助检修人员更好地了解不同故障情境下的影响力，提前做好相应的检修准备。

VR 技术可以提供虚拟训练环境。在一些特殊设备的检修过程中，不少操作需要在狭小和复杂的空间内完成，如更换零部件、进行电气连接等。通过 VR 技术，检修人员可以在虚拟环境中进行训练，模拟实际检修环境的空间状况和操作难度，有助于提升其操作技能和协调能力。如图 3.15 所示为车钩缓冲装置检修实训系统，在本系统助力下，检修人员可以提升其复杂空间检修技能。

图 3.15 VR 技术应用于检修实训系统

VR 技术还可以模拟各类故障情况，如电力故障、机械故障等，帮助检修人员熟悉不同故障处理流程，提高应对突发情况的能力。同时，VR 技术可以实现远程指导和操作，专家远程连接检修人员的设备，实时观察车辆状态和维修过程，并给予指导，如图3.16所示。

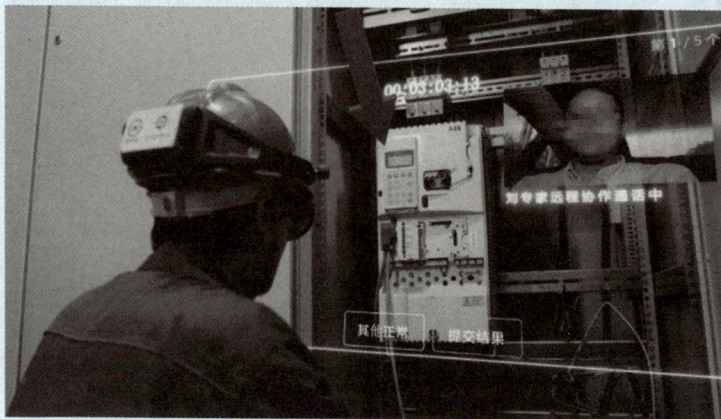

图3.16　VR技术支持下的远程指导和操作

VR技术还可用于设备检修记录和数据分析。通过VR技术，检修人员可以实时记录检修过程中的一些重要数据和操作细节，并将其保存在虚拟环境中，以备以后查阅和分析。这种数据记录和分析可用于优化设备检修流程，提高维修效率和可靠性。

二、VR技术进化链路及工业场景适用性

VR技术在不断发展，其进化链路中各类型技术特征和应用场景如表3.3所示。

表3.3　虚拟现实各类型技术特征和应用场景

技术类型	技术特征	应用场景
VR	强调封闭式的虚拟世界，与现实世界联系相对较弱	应用于与现实弱交互的工业场景中，如应急演练、安全培训、虚拟场景构建等
AR	强调基于现实世界的设备、生产线等，提供解释信息、隐形信息的可视化等功能	更适用于与现实世界强交互的场景，如工业巡检、辅助维修、实操培训等，且典型应用案例众多，渗透率更高
MR	在AR的基础上更进一步，可实现虚实实时交互，且虚拟信息和现实世界可以叠加	更适用于低时延场景和复杂场景，如远程协作、设备实时诊断，工业模型设计等，技术挑战较大
新型交互技术	交互技术创新方向强调，让用户更好控制设备，让设备更懂用户，使交互更自然顺畅	眼控交互、骨传导交互、体感交互、脑波交互、脑机接口等技术成熟度较低，尚未进入规模化应用阶段

三、"VR+工业生产"的实施意义

VR技术赋能工业可视化、智能化，打破物理空间限制，加速工业企转型，实现降本增效。随着元宇宙概念推动大量VR/AR技术落地，用户可以通过VR设备进入虚拟

现实场景中，实现沉浸式体验。当这一技术应用于工业场景时，现代工业生产过程有望打破时空限制，实现虚拟环节下的生产协作。

虚拟现实等技术将成为工业元宇宙落地的重要助力。中国联通首席科学家范济安在 2021 世界工业互联网产业大会上提出，通过由 CPS（cyber-physical system，信息物理系统）、数字孪生与 5G 等技术引发的 AR、VR、计算机视觉、低延时远程控制等应用按照元宇宙的概念有机整合，AR/VR 技术不再局限应用于现场辅助安装、技能培训，而是借助该技术，企业的产品设计、工艺开发、试产测试、经营管理、市场营销等均可以向全世界开放。

工业元宇宙概念与工业 5.0 对人机之间深度协作相近。工业 4.0 的概念最早出现在德国，于 2013 年的汉诺威工业博览会上被正式推出，被誉为人类历史上的第四次工业革命，对信息通信技术（information and communication technology，ICT）更大规模的应用实现工厂数字化和智能化。欧盟于 2021 年正式提出工业 5.0 概念，在工业 4.0 概念的基础上，更注重工人利益、可持续性和工业弹性，从技术角度，人与机器的深度协作将成为工业 5.0 时代的重要研究方向之一。

工业 4.0 主要强调人—机—物—环在数据和信息层面的集成与互联；工业 5.0 还强调人—机—物—环之间在知识层面的集成与互联，包括知识的传递、分享、交互、学习与融合提升，以及工业生产链、价值链、产业链的知识汇聚、重组与体系构建。这不仅将从本质上提高工业系统处理复杂性和不确定性问题的能力，而且能催生出知识驱动的新业态、新模式和新应用，如工业知识服务、工业知识协同、工业决策自动化等，进而实现智慧工业，并推动人类社会真正迈入"知识经济时代"和"智慧时代"。

四、工业元宇宙应用场景案例

VR 技术可以应用在工业元宇宙的各个环节。从研发、测试、生产、运输、销售、服务等各个环节及产业链、企业、车间、产线、产品各个工业系统粒度，如图 3.17 所示。

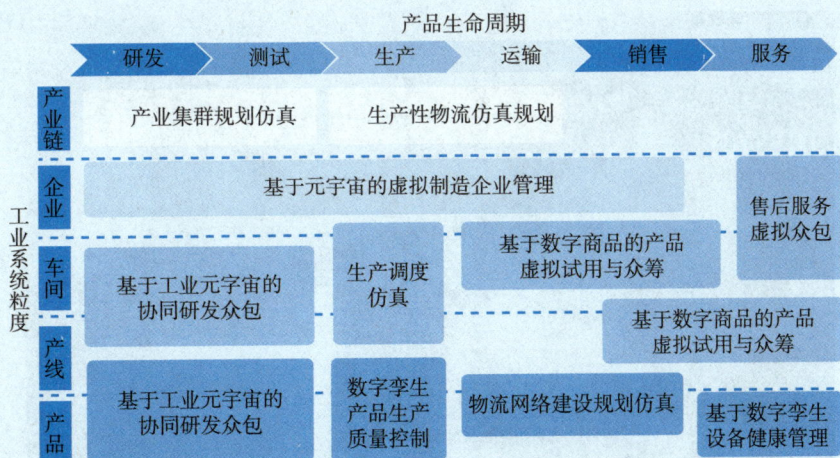

图 3.17　工业元宇宙应用场景案例示例
（资料来源：世界元宇宙大会、华泰研究.）

1. 东风日产 VR 评测技术

早在 2017 年，东风日产已将 VR 评测技术导入研发环节中，采用 RTT、Techvie 等专业软件及装备实现 VR 评测，输入 CAD 数据进行数据处理，从而实现对 3D 模型的实时可视化。开发人员在样板车里可以随意走动，无论是车外还是车厢内，如果想打开车的某一处，只要通过手柄选择，就能切换到使用者所在的地方，如图 3.18 所示。

图 3.18 东风日产汽车 VR 评测现场

2. 潍柴动力打造 VR 装配车间

近年来，潍柴动力不断加快推进企业数字化转型，随着大数据、物联网、虚拟现实等新技术的深入应用，逐步形成了以精益为导向的智能制造和产品全生命周期智慧质量管理。潍柴动力深耕 VR 技术赋能工业生产过程，一方面，打造出虚拟装配车间，精准跟踪装配工件的生产工艺流程；另一方面，打造 MR 远程专家系统，实现远程教学培训，远程售后培训指导及生产作业指导，如图 3.19 所示。

图 3.19 智能装配车间

3. "Saint-Gobain+ 微软协同办公"解决方案

Saint-Gobain 与微软共同打造远程培训解决方案。针对远程协作痛点问题，AR/MR 解决方案能有效节省成本。一些专用设备需要专业技术人员进行维护，但具备专业知识的专家难以在任意地点随时开展指导，往往需要长途旅行，耗费精力的同时还会产生高达数千欧元的国际旅行费用。此外，培训新员工涉及专业技能的迁移问题，课堂培训和纸质手册难以帮助新员工了解工厂实际操作环境。针对这些痛点问题，Saint-Gobain 通过采购微软全息眼镜（Microsoft HoloLens）和 Dynamics 365 远程辅助（Dynamics 365 remote assist），得以在旗下 5 家工厂使用 HoloLens 来监控和改进由专门的维护技术人员定期检查的程序，进而培训操作人员，从而每周为每条生产线节省大约一个小时，节约大量专家旅行费用，如图 3.20 所示。

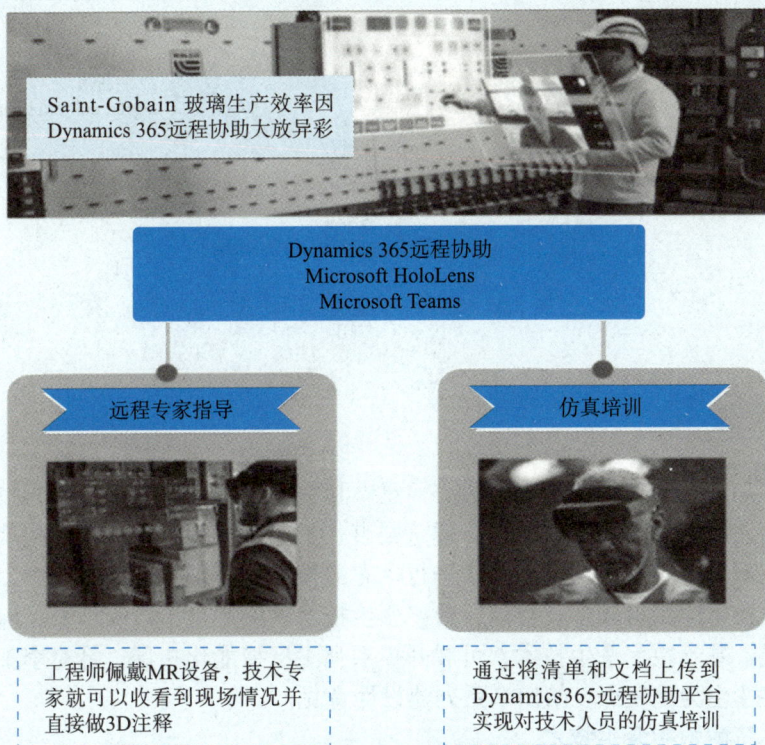

图 3.20　"Saint-Gobain+ 微软协同办公"解决方案
（资料来源：微软官网.）

4. TX-FacePro 远程专家系统

现场作业端同心视界 AR 智能眼镜通过 TX-FacePro 远程专家系统与远方专家端（PC、平板电脑、手机）连接，专家可远程指导现场服务、设备检查、维护和制造组装等工作。同心视界 AR 智能眼镜支持语音控制，可解放双手，在嘈杂工业环境可用，专为技术人员和工程师设计，可用于电力、汽车、石油、燃气、民航、运输、军工、消防、医疗、基建、食品等行业场景，如图 3.21 所示。

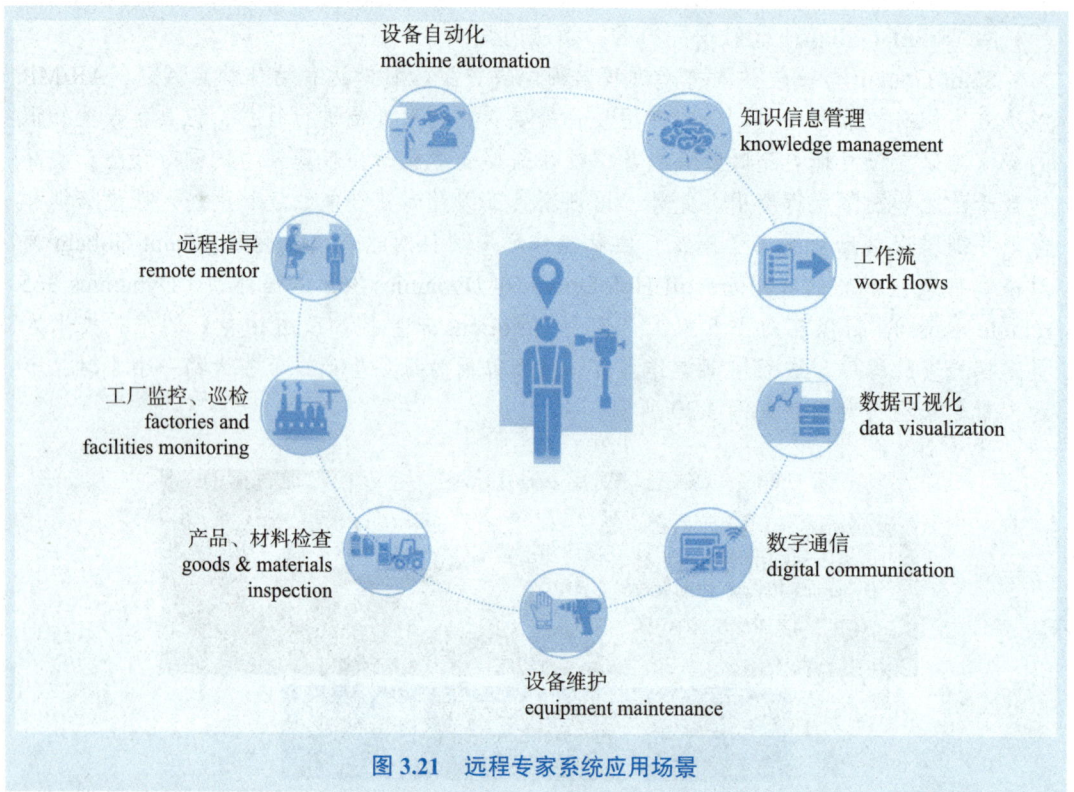

图 3.21　远程专家系统应用场景

任务实施

　　数字孪生是依托于 VR 技术、利用数字建模和数字内容互动的一项新兴技术。其应用场景极为广泛，包括航空航天、能源、智慧城市、工业制造等。中国科学院院士朱中梁认为，各行各业都可以应用数字孪生技术进行生态的控制、管理、监测。其中，工业制造领域的数字孪生技术应用得较多。目前，数字孪生技术的应用呈指数级增长，深刻改变了企业的运营方式。基于数字孪生技术，可展开一系列工厂智能化布局。针对李工的诉求，可以以工业数字孪生为出发点，给出一系列建设性意见。

步骤一　了解数字孪生技术

　　数字孪生包括三个主要方面：数据获取、数据建模和数据应用，并通过物联网、云计算、人工智能和扩展现实四种主要技术来实现其功能。其中，物联网作为数字孪生的主要技术，通过传感器收集实时数据，来创建物理对象的数字表示。云计算提供了数据计算和存储技术，使数字孪生应用程序能够轻松访问所需的信息。人工智能通过提供高级分析工具，帮助数字孪生自动分析获得的数据、预测结果并提供建议。扩展现实则融合物理世界和虚拟世界，并扩展用户对现实的体验。数字孪生利用扩展现实对物理对象进行数字建模，并允许用户与数字内容进行交互。总之，数字孪生的出现，实现了物理与数字之间的无缝连接，提高了决策效率和资源利用率，提供了更好的解决方案。

步骤二 了解数字孪生赋能制造业领域

目前，工程和制造业主要使用数字孪生技术来生成物体的虚拟呈现和操作过程的模拟。数字孪生技术在运营和供应链管理中的应用包括运营可追溯性、运输维护、远程协助、资产可视化和设计定制等。

制造业转型迅速，数字孪生技术尤为重要。该技术可以彻底改变制造业的生产和运营方式，并具有巨大潜力。工业 4.0 推动了传感、监控和决策工具的技术进步，进而推动数字孪生技术的发展。数字孪生技术可以实时监控和优化流程，提高制造效率。

数字孪生技术在制造业中应用广泛，包括实现虚拟监控和远程控制实物资产、更好地了解用户需求以提高产品的开发和运营服务功能，它有如下具体价值点。

1. 预测生产管理

通过数字孪生技术，制造商能够从被动应对转变为主动预测，可以预测设备的维护和更换时机、提高设备性能和使用寿命，并重塑完成更多工作的方式。

2. 客户需求预测分析

数字孪生技术还能进行基于使用的设计和售前分析，有效地满足客户需求。数字孪生技术能够收集数据并提供创建、构建、测试和验证预测分析。

3. 可视化生产流程

通过数字孪生技术，制造商能够观察到多种性能要求下的生产流程，并在问题发生之前消除隐患，实现从被动应对到主动预测的转变。

4. 降低供应链成本

数字孪生技术还能将现有资产转化为优化流程、节省资金和加速创新的工具，帮助制造商降低供应链成本。

5. 设备维护

数字孪生技术也可以对单个设备的制造过程进行建模，以预测和识别需要进行预防性维修或维护的异常，从而防止代价高昂的故障发生。

6. 运营数据收集

数字孪生技术还能够及时收集运营数据，为不同部门的员工提供相同的数据，以帮助企业实现跨职能协作和制订更明智的决策，提高企业的效率和利润。

7. 研发设计

数字孪生技术在产品设计、工艺设计与优化等方面的应用，也有助于提高企业的效率和利润。

因此，数字孪生技术被认为是制造业中非常重要的技术之一，可以帮助制造商提高生产效率、降低成本，并满足用户需求。

步骤三 了解数字孪生案例借鉴——广汽本田透明工厂

通过 DataMesh 数字孪生平台制作交互宣传方案，"透明工厂"介绍了汽车生产的主要步骤以及各车间的动态生产情景，用户即使不在工厂，也能清晰直观地了解如何从一块钢板逐步打造成一辆完整汽车的生产制造全过程。用户不仅可以细致地了解汽车的内部构造，还能宏观地了解冲压、焊装、涂料、总装四大标准生产流程间的协同机制，了解广汽本田的先进生产工艺，严格的质量控制，以及在数字化转型过程中，广汽本田利用最新技术手段为用户带来的全新驾驶体验。

广汽本田一直在积极进行行业最新技术的应用探索，并期望以此带来业务模式的创新机遇。广汽本田采用微软的混合现实技术，由微软 MRPP 认证合作伙伴——DataMesh 团队策划实施，打造了全新的"透明工厂"参观体验。"透明工厂"方案基于微软全息计算机 HoloLens，并配合第三方视角（spectator view）的展示方案，同时采用 Surface Pro 系列产品，实现了混合现实跨设备交互。目前"透明工厂"方案主要应用于广汽本田热销车型——冠道的生产工艺还原及销售端展览展示两大场景，如图 3.22 所示。

图 3.22　广汽本田"透明工厂"方案截图

步骤四　了解数字孪生发展机遇

在全球化竞争的推动下，数字孪生市场规模快速增长，应用于房地产、医疗保健、能源和零售等各种领域。一些国家和企业正在采用数字孪生技术来优化供应链和运营流程，数字孪生技术的应用呈指数级增长。云计算公司谷歌云和微软 Azure 等正在推出基于云的数字孪生平台，加速数字孪生技术在各种应用中的采用。工业 4.0 和物联网的出现也加速了数字孪生技术的应用，使其成为工业 4.0 计划的核心技术之一。

步骤五　了解数字孪生所面临的挑战

虽然数字孪生技术具有许多优势，但其面临与人工智能和物联网技术相同的挑战，如数据标准化、数据管理和数据安全等问题。此外，数字孪生解决方案成本高、需要大量投资。可能阻碍数字孪生市场增长的重大挑战，包括与现有系统或专有软件集成的困难以及架构的复杂性等问题。

任务思考

数字孪生技术可为企业的数字化转型带来巨大的价值，实现降本增效。但是，数字孪生适用于所有对象和企业吗？答案并不是。企业在应用数字孪生技术前，面临的首要决策问题是：本企业是否需要数字孪生？

课后拓展

关于企业是否需要引入数字孪生系统，可从产品类型、复杂程度、运行环境、性能、经济与社会效益等不同维度展开判断，数字孪生系统的分析维度如表 3.4 所示。

表 3.4　基于企业的数字孪生系统多维度分析

维　度	适 用 准 则	举　例
产品	适用资产密集型、产品单价值高的行业产品	风力发电机、核电装备、高档数控机床、高端医疗装备、直升机、船舶
复杂程度	适用复杂产品、过程、需求	离散动态制造过程、复杂制造工艺、生态系统、卫星通信网络、航空发动机
运行环境	适用极端运行环境	高空飞行环境、高温裂解环境、纳米级精密加工环境、核辐射环境
性能	适用高精度、高稳定性、高可靠性仪器仪表、装备、系统	精密光学仪器、电网系统、暖通空调系统、铁路运营、工业机器人
经济效益	适用需降低投入产出比等行业	汽车制造、仓库储存、物流系统、钢铁冶炼、农作物健康状态检测等
社会效益	适用社会效益大等工程、场景需求	数字孪生城市、数字孪生医疗、文物古迹修复

任务 3.3　VR 赋能融合媒体领域

情境描述

　　第 19 届亚运会于 2023 年 9 月 23 日在中国杭州开幕。杭州亚运会既是一场体育盛会，也是一场科技盛宴。在本次亚运会中，身为电视前的观众，也能够充分感受现场氛围，并清晰了解比赛状况和选手得分，通过 VR 技术，虚拟和现实相结合，打造了一场精彩体育盛宴。VR 技术赋能融合媒体，推动广播媒体高品质、大众化、低门槛的虚拟、现实数字内容同步发展，以 VR 技术助力广播电视及网络视听业态更新，支持建设 VR 音视频专区与影院，探索基于虚拟化身等新形式的互动社交新业态。小 L 作为一名刚入行的赛事直播记者，需要梳理 VR 技术作为新型媒介助力于赛事报道的相关内容，为日后的工作积累经验。

学习目标

素质目标	1. 提升信息收集、整理能力，培养深度思考的能力，弘扬亚运精神； 2. 提升关心时事的意识
知识目标	1. 了解 VR 技术在融合媒体领域的应用场景； 2. 了解目前 VR 技术赋能融合媒体领域的现状
能力目标	1. 掌握线上搜索 VR 技术相关资源的能力； 2. 掌握核心概念的信息整理、解读能力

建议学时

　　4 学时。

知识加油站

一、"VR+融合媒体"的应用范围

据工业和信息化部虚拟现实计划,"VR+融合媒体"是指以VR技术助力新闻报道、体育赛事、影视动画、游戏社交、短视频等融合媒体内容制作领域。融合媒体是传媒行业的重要趋势。广播、电视、报纸、新媒体等多种媒体形式的融合发展已形成规模,各省(区、市)广播电视单位都在积极推进融媒体中心建设。VR技术与数字媒体技术的融合,极大地推动了融合媒体行业的发展,使得融合媒体在设备、内容制作、新业态等方面不断发展。例如,VR全景摄像机、三维扫描仪、声场麦克风、裸眼沉浸式呈现设备等在融合媒体领域有着越来越多的应用。

二、国外发力重度游戏,国内关注轻度内容

这里从国内外一些常用平台(Steam、Quest、App Labs、PICO Store和奇遇VR)的VR内容存量加以分析。Steam平台(也称为蒸汽平台)是美国电子游戏商Valve于2003年9月12日推出的数字发行平台,是目前最大的VR内容聚集地。根据青亭网的统计数据,截至2023年12月底,Steam平台应用总量为138210款,其中支持VR的内容为7111款。这表明Steam平台上的VR内容生态正在不断扩展,为VR用户提供了丰富的体验选择。Quest平台的VR内容存量持续增长,据VR陀螺的报告,截至2023年12月,该平台的内容数量为572款。App Labs作为Quest的测试平台,据2023年3月的数据显示,该平台的应用数量快速提升,VR存量内容达1532款。这表明App Lab作为一个测试平台,为开发者提供了一个便捷的渠道来发布和测试他们的VR应用,从而促进了VR内容的增长。国内的主流平台——Pico Store,在2024年3月14日时,游戏应用数量已超过600个,并且内容更新频率保持稳定。

虽然Steam平台的应用数量更多,但一般认为Quest平台的生态更加完善。在2023年GDC大会上,Meta分享了Quest Store的销售数据,其中40款内容的总营收超过1000万美元,且营收超2000万美元的游戏数量同比翻了一番,应用质量高,商业化能力强。国内的大厂也在加速布局,但从策略上看,国内平台更加注重轻度内容(休闲游戏、直播视频等)的研发以实现弯道超车,对于重度内容(沉浸式游戏)以引入为主。

> **知 识 窗**
>
> 虽然国外以重度内容(沉浸式游戏)为引领,但是更新迭代较慢,过去2年中VR游戏领域较少有新的爆款出现,原因如下:①硬件设备自2020年Oculus Quest 2发布以来并未有重大革新;②主流VR/AR游戏品类中已有在当前硬件条件下的优质代表作(如音乐类Beat Saber、射击类Half-Life:Alyx)。

与海外相比，一般认为轻度的内容是国内厂商实现弯道超车的关键：①短期国内用户习惯于免费下载，并在使用中充值付费，这与重度游戏（如 Pico 中上线的"亚利桑那的阳光"、After the Fall）大多采用的买断制模式相悖；②短期国内用户付费能力与付费意愿相较海外用户仍然有较大差距，用户消费不足。因此，通过音乐、运动、休闲类游戏、视频、健身等类型的应用做大用户体量，培养用户消费习惯是关键，而对于重度的内容以引入为主，这也是国内平台目前普遍采用的策略。

三、国内市场加速布局轻度VR内容

IP 赛事、演唱会直播等免费内容有助于用户沉淀，成为国内轻度 VR 内容布局的关键。据 2022 年 Pico 全球新品发布会，Pico 在 IP 的引入方面加大了力度，包括：①先后上线一些歌手的演唱会，如图 3.23 所示；②赛事合作方面，包括 2022 年的冬奥会、德甲、卡塔尔世界杯；③VR 影视包括：三体的 VR 版本，灵笼 VR 版本，与埃德·斯塔福德合作的荒野求生。经典内容方面，Pico 在 2022 年 6 月与迪士尼和索尼影视等头部影视公司联手打造"Pico 3D 大片重燃计划"，合计 100 多部 3D 经典影片将登陆 Pico 视频，包括漫威复仇者联盟系列、X 战警系列等全球重磅 IP。

图 3.23　2022 某歌手"图景"个人巡回音乐会 VR 直播

从 Pico Top10 热门付费应用榜单看，内容主要集中在运动、休闲、音乐类，玩法上均偏轻量化。同时从 Pico 的发布会来看，Pico 对于健身的布局力度持续加强，宣布上线集私教、节奏音乐、瑜伽等一体的"超燃一刻"，未来还将联合头部 IP 打造 VR 健身内容。此外节奏音乐类游戏"闪韵灵境"，VR 搏击应用"莱美搏击操"，运动休闲游戏"多合一夏季运动 VR""实况钓鱼"也已上线 Pico 平台，如图 3.24 所示。

Pico 4 还搭载了自研的 CalSense 体能监测算法，根据用户的身体数据和轨迹能较准确地计算消耗的卡路里，还配套推出可穿戴的追踪器，如图 3.25 所示。

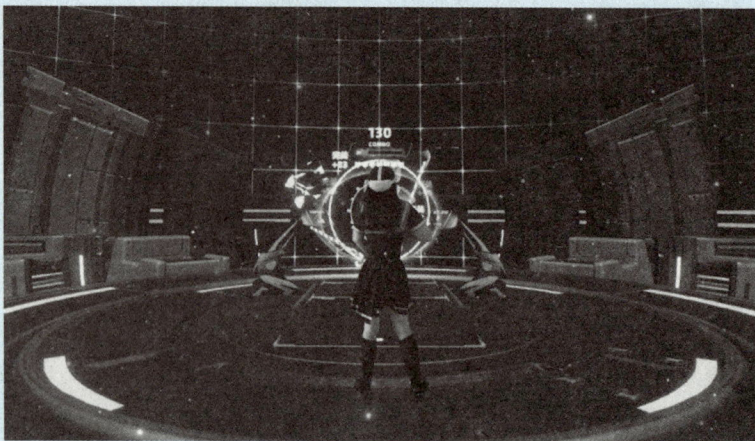

图 3.24　VR 音乐游戏——《闪韵灵境》

图 3.25　Pico 健身专用可穿戴追踪器

四、案例分享

1. 基于 Nreal Air 的体育赛事观看体验

2022 年 8 月，Nreal 宣布与国内头部在线视频平台爱奇艺和咪咕视频合作，打造较为丰富的 AR 内容生态体验。目前，用户可以通过 Nreal 眼镜 AR 空间内的爱奇艺 AR App 观看逾百部 3D 电影，随时随地享受院线级的 3D 巨幕效果。此外，用户可以通过 Nreal 眼镜的咪咕视频应用观看全球顶级体育赛事，包括欧洲五大足球联赛、终极格斗冠军赛（ultimate fighting championship，UFC）等，如图 3.26 所示。

2. Pico 引领亚运会 VR 观赛浪潮

2023 年杭州亚运会，Pico 视频提供了全程比赛直播。穿戴头显后，用户既可以经由主界面推荐场次，跳转到重点比赛的直播广场；也可以通过广场左侧的赛程导视"换台"，收看其他项目的比赛直播和回放。直接广场右侧还有一键切换解说、机位的设置，使用户在 VR 世界享受到传统转播渠道同样的直播内容，如图 3.27 所示。

3. 世界杯"虚拟巨幕"

世界杯观赛设备，在电视、手机、平板后又迎来了新的成员——"虚拟巨幕"。Pico 所推出的观赛方式为"虚拟巨幕"，即在一个虚拟的"球迷广场"里，观众通过一个巨大的虚拟屏幕进行观赛，如图 3.28 所示。相比于动辄上万元的大屏电视，售价 2499 ～ 2799 元的 Pico 显得物美价廉，且方便携带，成为年轻群体热衷的观赛设备。据媒体报道，2022 年世界杯开赛一周左右，京东平台 VR 眼镜成交额同比增长超 50%。

图 3.26　Nreal Air 体育赛事观看体验

图 3.27　Pico 为亚运会直播打造的虚拟观赛空间

图 3.28　世界杯赛事直播巨幕

4. VR 版《三体》

在 Pico 4 发布会上，《三体》作者刘慈欣官宣三体宇宙已与 Pico 达成合作，将共同制作首个 VR 版《三体》互动叙事作品。

《三体》作者刘慈欣说："我曾无数次构想《三体》故事中文明壮阔的战争图景和人类求生存的顽强抗争。这些场面一直存在于我及每一位读者的脑海，而今天我们有了VR，它让人们不再禁锢于身在何处，更不局限于眼前的视野。"

在 VR 版《三体》之后，Pico 筹备了一系列时空穿梭、太空遨游等科幻题材内容，带给观众更多新奇的体验。

任务实施

步骤一　陈述 VR 直播技术

从特点上看，VR 直播技术没有脱离 VR 技术的基本范畴，以 VR 提供最基本的技术支持。直播在此过程中的工作内容没有明显变化，依然以信号的接收和处理为核心。VR技术则使其呈现方式更具立体化和直观性，能够为用户提供沉浸式体验，改善服务质量。

从技术构成上看，VR 直播技术仍建立在常规直播技术、动态环境建模技术、实时三维图形生成技术、立体显示和传感器技术、应用系统开发工具、系统集成技术之上。其中，动态环境建模技术、实时三维图形生成技术、立体显示和传感器技术是其应用的核心，它们分别提供信息处理（即 VR 环境营造）、实时交互（即实时信息提供）和终端服务（即用户端直接服务）技术，使直播活动能够在虚拟环境下持续、实时地开展。

步骤二　调研虚拟现实技术在大型体育赛事直播中的应用现状

借助 VR 技术，观众可以身临其境地感受到比赛的氛围，解说员也可以通过这一技术（如 AR 技术）更直观地解释比赛中的细节和策略。具体应用场景可分为以下几个方面：①VR 技术可以为体育赛事的转播带来更加生动、真实的体验，通过 VR 眼镜，观众足不出户就可感受到身处比赛现场的氛围，可以听到球场上的声音，甚至闻到球场特有的气味，让观众拥有身临其境般的观赛体验；②VR 技术为观众提供更直观的信息和解说，转播团队可以将比赛实况和数据与观众分享，使观众更好地了解比赛，例如，可以在足球比赛中通过 AR 技术显示球员的射门数据信息；③VR 技术还可在比赛中展示不同的视角，观众根据自己的喜好和需求，自定义观赛角度，例如，可以选择球员或者教练员角度观看比赛，以便更好地了解策略和战术，如图 3.29 所示。

步骤三　VR 技术助力马拉松比赛直播

马拉松比赛分为全程和半程项目，参赛人数众多，全程马拉松（简称全马）距离为42.195 千米，一般关门时间 6 个小时，比赛移动区域广，这是和别的体育比赛不一样的地方。在直播前，直播技术人员需要去现场布线，找好摄像机的摆放位置，同时根据 5G 信号的强度，在比赛现场合适位置搭建 5G 基站。

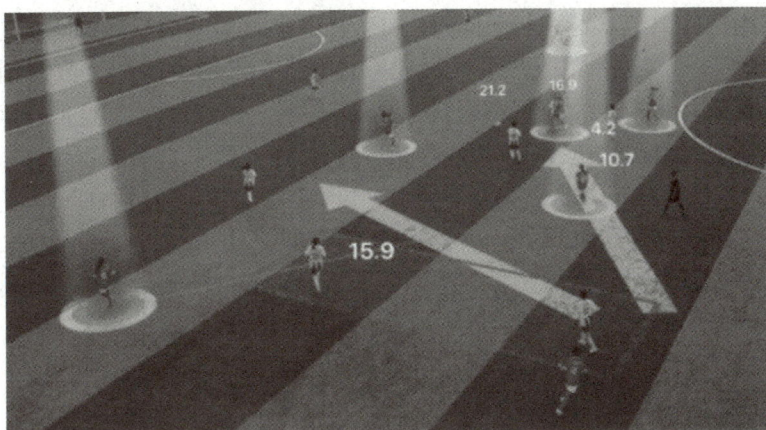

图 3.29　AR 技术提供足球场球员数据分析

　　在固定机位的基础上，比赛中还可增加移动全景相机，将其和 5G 手机连接，弥补固定机位不能拍到的地方，使用户尽可能全面地看到现场的空间，提升观赛沉浸感。5G 技术保障了 VR 直播的稳定性。为了提升用户的体验感，需要对直播平台的一些功能进行测试。用户可以根据自己的需要，在任意时间进入 VR 直播平台，选择 360° 精彩小视频观看，如图 3.30 所示。终端用户有多种方式可以观看 VR 直播，包括 PC 端 +VR 播放器、头戴 VR 播放端、手机 App VR 播放端和微信播放端。

图 3.30　体验 VR 沉浸式马拉松直播

任务思考

　　基于 VR 视角的赛事直播，其版权保护问题该如何落实？

　　随着直播技术的不断发展，5G+VR 的直播方式因为能够为观众提供沉浸式的观看体验，从而受到用户的广泛欢迎。与此同时，在 VR 赛事直播的版权保护问题上，确实存在一些挑战和争议。随着技术的发展，尤其是一体式 VR 摄像设备和大数据制作技术的应用，体育赛事直播节目的连续画面的独创性可能会受到一定的影响。这使得演播室点评部分，作为能够体现"个性化选择"的内容，成为判断体育赛事直播能否拥有版权的重要依据。当赛事直播节目具有较多非纪实类的剪辑和显著区别于直播内容的点评等主客观因素，并满足著作权关于作品保护的条件以后，其版权问题需要解决。国际上对 VR 产业新业态的版权保护动态可以为国内提供参考。例如，欧盟提出的自动筛选器技术和韩国鼓励的数字水印技术，都是加强版权保护的有效手段。

✴ 课后拓展

　　VR 技术不仅在教育、工业、融合媒体领域颇有应用价值，随着该技术的不断发展，其价值通道被大量挖掘，应用多点开花。VR 技术能够通过文化内容的数字化加工及沉浸式体验为观众带来前所未有的临场感受；光影照明配合 AR 等技术，赋能传统文旅资源，顺应夜市经济发展；国产社交平台吸引品牌纷纷入驻，加强 VR 营销展示；VR 技术与实景演出结合，丰富互动形式，为观众带来沉浸式交互虚拟娱乐体验。以上种种，均佐证了 VR 技术针对不同领域的赋能功效。请绘制基于"VR+"的知识图谱，从广度视角来收集 VR 技术在不同领域的应用点，如图 3.31 所示。

虚拟现实技术推动城市文化产业发展的新路径

图 3.31　"VR+"重点赋能领域

✎ 项目自测

　　1. 知识检测

（1）简述 VR 技术在教育培训领域的应用场景。

（2）简述 VR 技术是如何解决职业教育的"三高三难"问题的。

（3）简述 VR 技术在工业生产领域的应用场景。

（4）简述 VR 技术在融合媒体领域的应用场景。

　　2. 话题思考

5G 技术对"VR+融合媒体"的顺利运行所起到什么作用？

学习成果实施报告书

题目					
班级		姓名		学号	

任务实施报告

　　你在专业实训中用到虚拟仿真模块吗？若有，请反思自己的 VR 学习体验，总结 VR 实训的优势和劣势；若没有，请思考在专业学习实训中，有亟待虚拟仿真技术解决的实训环节吗？请以总结报告书的方式呈现你的思考。

考核评价（按 10 分制）

教师评语：	态度分数	
	工作量分数	

考评规则

工作量考核标准如下。

1.任务完成及时。

2.操作规范。

3.实施报告书内容真实可靠，条理清晰，文本流畅，逻辑性强。

奖励：每提交一篇报告书，记 1 分；报告书观点新颖、图文并茂，加 1 分。

惩罚：没有完成工作量，扣 1 分；故意抄袭实施报告，扣 5 分。

增强现实解读

项目导读

　　2023 年，杭州亚运会开幕式通过应用 AR 技术实现了数实融合、人人参与的大型演出 AR 互动的创举，受到社会各界好评。AR 作为创新数字技术，近年来受到各行业的广泛关注。亚运会的元宇宙开幕式再次验证了 AR 技术应用已成为科技发展的主流趋势，其潜力不可估量。在本项目中，我们将基于 AR 进行行业综述，并对其产业链条进行系统化分析，引导读者对 AR 产业链图谱和行业应用版图进行梳理。

任务 4.1　涉足 AR 领地，探寻虚实奥秘

情境描述

　　当试衣者站在虚拟试衣设备前时，不需要换衣服，就可以看到自己试衣的真实 3D 效果。而且随着身体的转动和四肢的移动，衣服贴身而动。虚拟试衣是基于 AR 技术的一项 C 端应用，它给消费者带来了更加优质的购物感受。目前 AR 技术发展正处于广泛应用期，随着底层技术的成熟，硬件设备的完善，AR 技术将应用到更多场景中，行业应用解决方案将日益完善。请深入了解 AR 技术的实现机制，将其包含的内容进行分类，并完成各类别的技术内容梳理。

学习目标

素质目标	感受科技对人类生活品质的改变，强化"科技是第一生产力"的认知
知识目标	1. 了解 AR 技术的概念； 2. 了解 AR 技术的起源和发展历程
能力目标	能够用科学的方法对 AR 技术的研究内容进行合理化分解，并用高效、系统化的方法完成信息梳理

建议学时

4 学时。

知识加油站

一、AR技术的概念

AR 技术是一种基于计算机实时计算和多传感器融合，将现实世界与虚拟信息结合起来的技术。该技术通过对人的视觉、听觉、嗅觉、触觉等感受进行模拟和再输出，并将虚拟信息叠加到真实信息上，给人提供超越真实世界感受的体验。目前广泛接受的一种定义是 Azume 在 1997 年提出的，他认为 AR 技术应该具有三个特征：虚实结合、实时交互和三维注册。

我们所要讨论的技术，主要是视觉 AR 技术，核心在于虚拟信息和真实世界在物理空间中的匹配以及可视化。增强现实是一个多学科交叉的研究领域，内容纷繁复杂，选取其中某个点深入下去都可作为长久的研究课题。一个完整的 AR 系统一般涉及以下六个部分：跟踪、显示、视觉一致性、可视化、交互、标定和注册，如图 4.1 所示，其中至少包含三个部分：跟踪、标定和注册、显示。

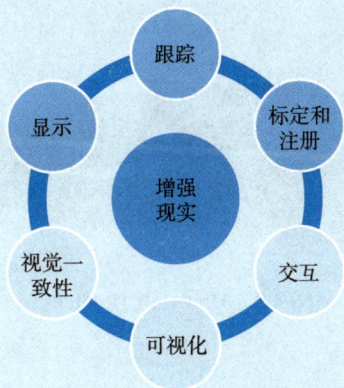

AR 芯片

图 4.1　AR 系统涉及的内容

二、AR技术的起源

AR 技术的起源可追溯到 Morton Heilig 在 20 世纪五六十年代所发明的 Sensorama Stimulator，该设备使用了图像、声音、香味和震动，让人们感受在纽约的布鲁克林街道上骑着摩托车风驰电掣的场景。这个发明在当时非常超前。以此为契机，AR 也开始了它的发展。

随着 21 世纪初期智能手机的兴起，增强现实有了开发载体，视频式的增强现实迅速发展起来。这也得益于 ARToolKit 和 Vuforia 等基于图像的跟踪定位工具的相继推出。如图 4.2 所示，使用智能手机和平板电脑作为平台的 AR 技术应用，目前已经非常普遍。

图 4.2　以移动设备为平台的 AR 技术应用

智能手机和平板电脑毕竟只是视频式的 AR 技术应用，相比于光学式的来说，还是少了一点科技感和刺激感。谷歌在 2012 年发布的 Google Glass，为增强现实的发展注入了新的活力。尽管后来 Google Glass 停产，但其作用不可忽视。后来，又有更多的公司推出了自己的光学式 AR 眼镜，其中比较知名的有 Microsoft Hololens（见图 4.3）和 Magic Leap。

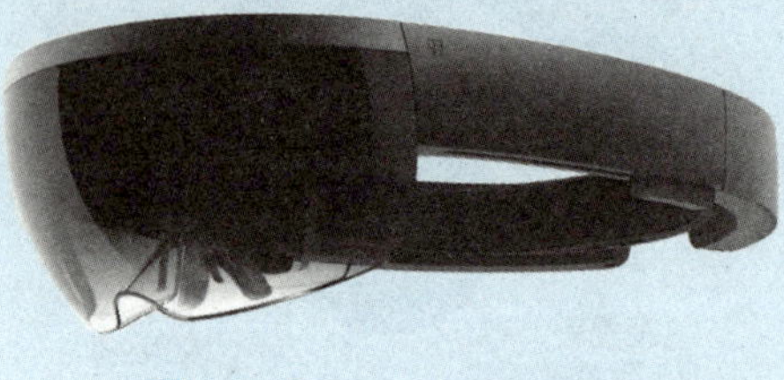

图 4.3　Microsoft Hololens

任务实施

步骤一　研究近眼显示设备

近眼显示设备主要是指头盔显示器。头盔显示器主要分为两种：光学透射式（optical see-through，OST）头盔显示器和视频透射式（video see-through，VST）头盔显示器。

1. 光学透射式头盔显示器

光学透射式头盔显示器拥有一个半透半反的光学合成器，可以透过外部的环境光看到真实的世界，同时反射来自微型显示器生成的虚拟图像，叠加到用户视野中，达到虚实融合的效果。最后，利用姿态传感器确定物体在空间中的姿态（即位置和方向），如图 4.4 所示。

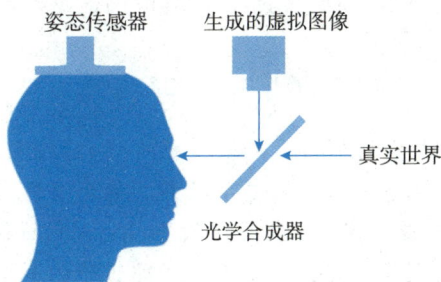

图 4.4　光学透射式头盔显示器示意

光学透射式头盔显示器的优点是可以保证正确的视点和清晰的背景，其缺点是虚拟信息和真实信息融合度低，且人眼标定比较复杂。目前市面上典型的光学透射式头盔显示器有 Hololens 和 Meta 2（见图 4.5）等。

图 4.5　典型的光学透射式头盔显示器产品

2. 视频透射式头盔显示器

视频透射式头盔显示器通过摄像头捕获现实世界的场景，然后将计算机生成的虚拟图像叠加到这些视频流中，最后将数字合成器加工后的视频流逐帧渲染在显示器上供用户观看。这种显示器能够提供一种将虚拟信息与真实世界融合的体验，使用户能够与虚拟对象和真实环境进行交互，如图 4.6 所示。

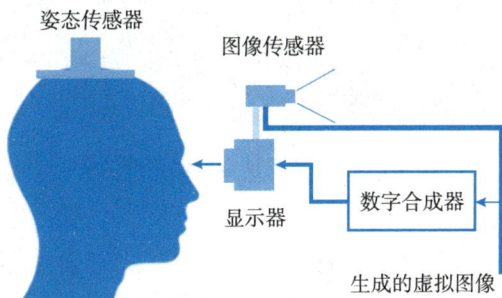

图 4.6　视频透射式头盔显示器示意

此类头盔显示器的优点是虚实融合效果好，无须标定人眼；缺点是视点难以完全补偿到正确的位置，且与镜片范围外的环境不能完美衔接。AR 应用场景依赖于真实环境的反馈，不同于光学透视的方式，视频投射方式涉及较为真实、丰富的环境信息采集和重建，虚实融合的效果更多元，同时也可以为远程协同等应用提供技术基础。

AR 显示设备有不同的分类逻辑，如果按照终端的形态，还可分为手持式 AR 显示设备、固定式 AR 显示设备和投影式显示设备。备受消费者喜爱的虚拟镜子（承载虚拟试衣功能），采用的就是固定式 AR 显示设备。它利用摄像头对着人拍摄，然后输出到一个类似于镜子的大型显示器上，给人一种照镜子的感觉。同时，还可以进行虚拟换装，或者添加一些虚拟物件，达到增强现实效果。

步骤二　梳理 AR 设备的跟踪技术

AR 设备的跟踪技术是实现虚拟信息与现实世界精准叠加的关键。以下是常见的跟踪技术类型及其优缺点。

1. 基于计算机视觉的跟踪技术

基于计算机视觉的跟踪技术利用摄像头捕获现实世界的图像，并通过计算机视觉技术提取特征点，实现对目标的识别和跟踪。此类跟踪技术不需要额外的硬件设备，成本较低，灵活性高。同时，缺点也不容忽视，其受光照条件、遮挡等环境因素影响较大，稳定性和精确性相对较低。这类跟踪技术在生活中很普遍，交通信号违章检测系统即采用了此技术，如图 4.7 所示。

图 4.7　交通信号违章检测系统示意

2. 基于传感器的跟踪技术

基于传感器的跟踪技术需结合加速度计、陀螺仪、磁力计等惯性测量单元（inertial measurement unit，IMU）来跟踪用户头部的位置和运动。此类技术可以提供关于设备在空间中移动的精确数据，但长时间使用可能出现漂移误差，需要定期校准。

加速度计是一种能够感知任意方向上加速度的设备。它通过测量设备在某个轴向上的受力情况得到结果，表现形式为轴向的加速度大小和方向。加速度计在智能手机中常用于实现屏幕自动旋转、摇一摇等互动功能。

陀螺仪是一种基于角动量守恒理论的装置，能够检测设备在三个轴向上的旋转动作，并测量旋转速度和角度。陀螺仪在无人机中用于检测无人机的姿态和方向，实现稳定飞行和控制。

磁力计能够测量磁场强度和方向，定位设备的方位。它的工作原理与指南针类似，可以测量出当前设备与东南西北四个方向上的夹角。在智能设备中，磁力计可用于指南针、地图导航等应用。

总的来说，加速度计、陀螺仪和磁力计各自具有独特的功能和应用场景。它们通常被集成在一起使用，以提高跟踪测量精度和可靠性。

3. 基于光学的跟踪技术

光学跟踪技术包括结构光、激光扫描等技术，通过发射特定模式的光线并测量其反射回来的时间或角度，来获取环境的三维信息。这种方法可以提供高精度的深度数据，但可能受到环境光干扰。

4. 基于同步定位与跟踪技术

同步定位与跟踪技术（simultaneous localization and mapping，SLAM）是一种在未知环境中进行自我定位和地图构建的技术，广泛应用于机器人、无人机、AR和自动驾驶等领域。通过处理传感器数据，如激光雷达、摄像头等，SLAM能够实时估计设备的位置和姿态，并构建环境地图，如图4.8所示。

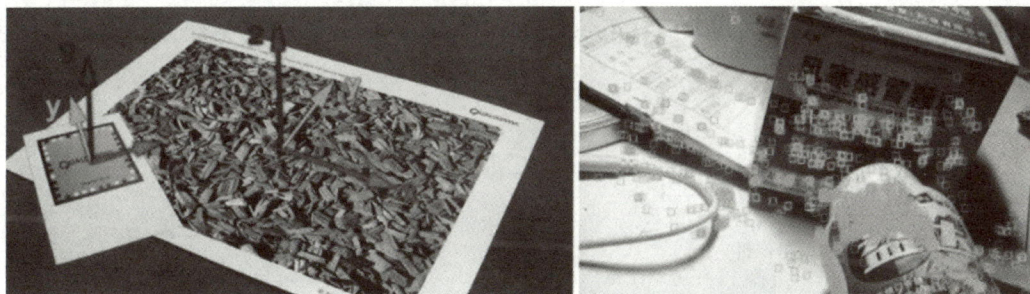

图 4.8　同步定位与跟踪技术的跟踪模式示意

SLAM技术作为一种重要的自主定位与建图方法，在多个领域发挥着关键作用，其核心在于其能够在运动过程中不断更新自身位置信息和环境地图，从而实现自主导航和路径规划。

5. 混合跟踪技术

混合跟踪技术结合了上述多种跟踪技术的优点，通过传感器融合提高跟踪的准确性和鲁棒性。混合跟踪器可以是互补式、竞争式或协作式，能够克服单一方法的局限性，提供更高的跟踪精度和稳定性。同时，该系统涉及多个跟踪器之间的数据融合和时间同步，系统复杂度增加，需要更多的计算资源。

步骤三　熟悉标定和注册的方法

1. 摄像机标定

摄像头是基于视觉的AR系统的重要组件，所以在使用时必须先标定摄像头的内参数。对于普通的摄像头，可以采用MATLAB自带的摄像头标定工具箱来标定，不仅可以标定出摄像头的内参数，还能标定出镜头畸变。该工具箱采用的是棋盘格标定法，如图4.9所示。

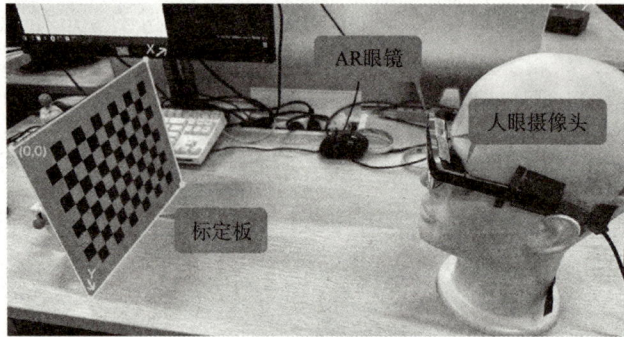

图 4.9　摄像机标定示意

摄像机标定需要考虑镜头畸变，镜头畸变分为径向畸变和切向畸变两种。它们都可以通过标定来确定畸变参数。镜头畸变是普遍存在的，所以在使用之前要记得先进行标定。

2. 显示器标定

对于光学透射式头盔显示器而言，要进行 AR 开发，必须加上一个摄像头。摄像头与头盔显示器之间的位置关系需要标定。最常用的一种方法是单点主动对准法（single point active alignment method，SPAAM），如图 4.10 所示。该方法要求用户穿戴头盔显示器，并且将屏幕上的一些十字光标与真实世界中的物体进行多次对齐（多次对齐需要通过头部转动完成），数据获取后，通过 DLT（direct linear transformation）方法构建方程组求解投影矩阵。

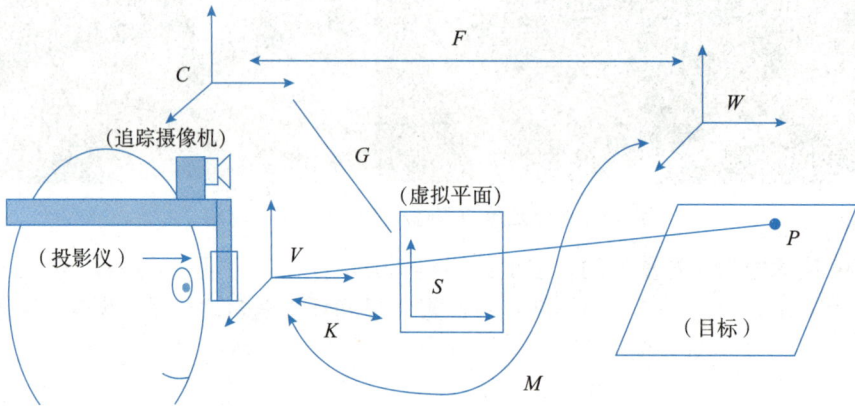

图 4.10　单点主动对准法在显示器标定中的使用

3. 注册

跟踪系统在进行测量时，会存在测量误差，这种误差会导致注册的虚拟物体与真实物体之间存在不匹配的情况。所以，每一个步骤都要严格控制误差，不要让误差传递到后面的环节中。

步骤四　理解视觉一致性的几个分类

1. 几何一致性

AR 系统呈现的效果应该是虚实高度融合的，让人分不清哪里是虚的，哪里是实的。几何一致性体现在虚拟物体被放置在正确的位置上，没有与真实物体产生错误的重叠。几何一致性还要求在时间变化中保证几何一致。例如，在光学透射式头盔显示器中，快速地头部运动会导致虚拟图像的渲染落后于真实的环境，从而出现图像延迟现象，这就违反了几何一致性要求。

另外，虚实遮挡也要保持一致。有时虚拟物体在空间上应该被渲染到真实物体的后面，但是默认情况下，虚拟物体总会挡在真实物体的前面。因此，必须使用额外的传感器，探测出真实物体的空间位置，然后决定哪些虚拟图像应该被遮挡起来，如图 4.11 所示。

图 4.11　AR 几何一致性——虚拟遮挡示意

2. 光照一致性

虚拟世界的光线往往是可以设定的，但是真实世界的光线非常复杂，因此需要注意渲染的虚拟物体如何与真实环境保持一致的光照效果。光照效果如果不一致，尤其是阴影的渲染不一致的话，会产生非常糟糕的效果。解决这个问题的方法是，通过某个方式获得真实环境中的光源分布，然后在虚拟世界中模拟这个光照效果，如图 4.12 所示。

图 4.12　AR 光照一致性

步骤五　梳理交互技术

1. 设备交互

鼠标、键盘的几十年发展证明了这种人机交互方式非常有效，但是对 AR 应用，却不一定是最好的。一些被广泛用于虚拟现实的设备，如数据手套（见图 4.13）、力反馈装置、数据衣等，也可以应用在增强现实中。但是加入这些装置后，使用者会明显觉得环境不协调，这对 AR 应用的效果产生不良影响。

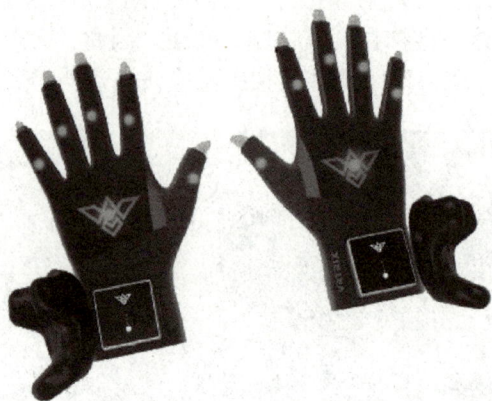

图 4.13　数据手套

2. 肢体交互

随着 Kinect 等设备的推出，肢体交互在投影式增强现实中获得广泛应用。肢体交互不仅解放了双手，而且促进了全身的均衡运动，可以理解为一种非常健康时尚的交互方式，如图 4.14 所示。肢体交互在游戏娱乐领域获得了广泛应用。

图 4.14　肢体交互

3. 手势交互

很多桌面级的应用，也可以选择手势交互作为交互方式，如图 4.15 所示为手势识别。手势交互依赖于手势检测设备，现有的手势检测设备有 LeapMotion 和 RealSense 等，这类设备极大地促进了手势在人机交互中的推广。

随着触摸屏和传感器技术的发展，出现了许多交互的机会，而手势交互通常被认为是与屏幕最自然的一种交互方式。手势交互的普及，不仅降低了人与设备之间的沟通门槛，而且带来了革命性体验和便捷。

图 4.15　手势识别

4. 语音交互

随着人工智能技术的发展，语音交互逐渐成为主流的交互方式之一（见图 4.16）。从智能音箱到智能手机，语音交互正在被大众接受。随着 5G 和物联网技术的普及，语音交互会有更大的应用场景，让所有智能物体都能听懂话、都会说话，成为可能。

图 4.16　语音交互

5. 触摸交互

触摸交互也发展为一种较为成熟的人机交互方式（见图 4.17），目前几乎全部的智能手机都有触摸屏。触摸屏的普及使得人们开始习惯在屏幕上点击，另外，有些智能眼镜也在镜框上设置了触摸区域。

图 4.17　触摸交互

6. 眼动交互

眼动交互是指通过图像设备捕捉人眼运动，从而实现人机交互（见图4.18）。这种方式仅适用于非常特殊的情况，长时间的眼动交互会让人感觉疲惫。

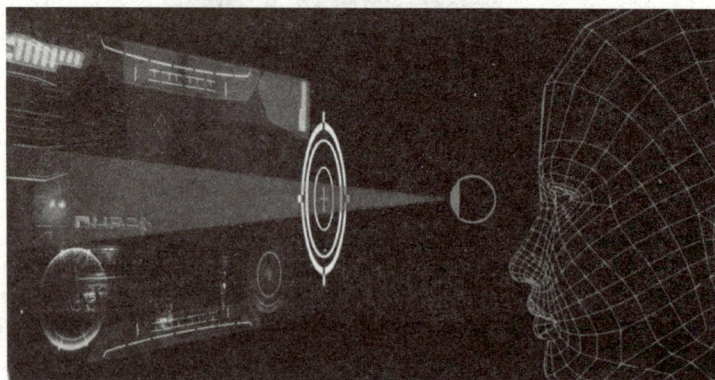

图 4.18 眼动交互

7. 脑机接口

最新的人机交互方式莫过于脑机接口（见图4.19），它通过读取人类大脑的活动产生控制信号，对外界的设备进行控制。目前脑机接口还只能实现比较初级的控制，完全解读人脑意念信息任重而道远。

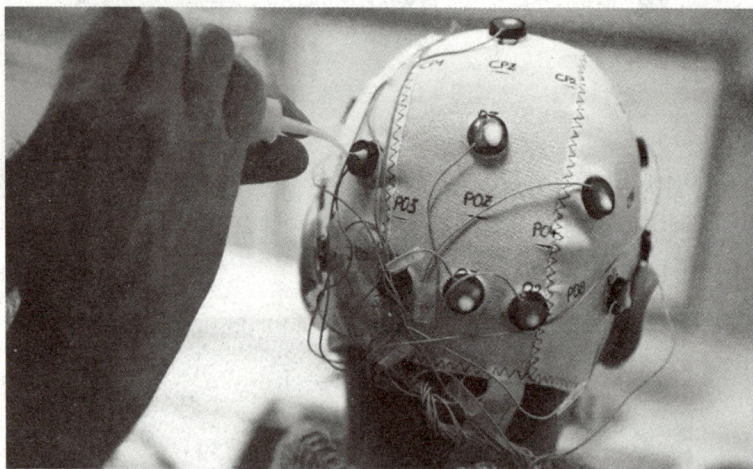

脑机接口解读

图 4.19 脑机接口

步骤六 了解可视化

AR系统中的可视化（见图4.20），主要是对场景中的物体进行标注和解释，其合理性和正确性，需要经过仔细探究。一个场景中可能有很多东西可以标注，也有很多来自数据库的信息可以呈现，但是，如果不加选择全部显示出来，就会出现数据冗余、屏幕混乱的情况。因此需要对数据进行过滤，其间需要考虑两个方面的问题：标注的合理性、数据推送智能性。

图 4.20　增强现实可视化

任务思考

对于视频透射式 AR 来说，还有一个非常重要的问题，那就是延迟。请结合视频透射式 AR 的特征，解释延迟现象产生的原理，并思考进行延迟补偿的有效机制。

真实环境背景是直接透射进入人眼的，可以认为是零延迟的。但是虚拟信息是通过摄像头捕捉环境，建立跟踪注册信息，然后渲染输出到头盔显示器上，再进入人眼，这个回路的处理时间导致虚拟信息的渲染相较于头部转动存在一定延迟。一个比较有效的方法是在视觉跟踪的基础上，加入高反应速度的惯性传感器，对这种延迟进行补偿。头部的快速运动可以根据惯性传感器的反馈来渲染图像。

课后拓展

从 VR 技术中发展起来的 AR 技术，旨在增强人类能力，为人类提供各种辅助信息，成为沟通人类个体与信息世界的重要枢纽。请从体验特点、核心技术、终端形态、应用场景等多维度分析 VR 技术和 AR 技术的异同点。

任务 4.2　畅想 AR 技术构建的新生活愿景

情境描述

在全球 AR 产业界，Magic Leap 公司在没有推出任何硬件产品的情况下，就获得了包括阿里巴巴、谷歌等大公司的巨额投资，曾被誉为 AR 界的独角兽公司。发展至今，虽然经过一些动荡，但 Magic Leap 为我们呈现了未来 AR 发展蓝图，令人心潮澎湃。请以亲子互动为应用场景，描绘 AR 的用途，制作 AR 用户旅程地图。

学习目标

素质目标	倡导对中华传统节日文化的关注，提升艺术欣赏品味，强化科技强国认知
知识目标	1. 了解全球范围内典型的 AR 公司及其发展概况； 2. 广泛了解 AR 技术赋能下的生活蓝图
能力目标	能够畅想、延伸 AR 技术赋能下的生活场景，并根据需求绘制蓝图

建议学时

4 学时。

知识加油站

一、红极一时的Magic Leap

2015 年，当时还名不见经传的 **Magic Leap** 公司凭借"鲸跃龙门"红透大江南北（见图 4.21），观众可以戴着 AR 眼镜在篮球场观看鲸鱼从水底一跃而出，瞬间水花四溅，摸一摸身上还没有水花，那种虚拟和现实完美融合的感觉让观众印象深刻。

图 4.21　**Magic Leap** 经典案例——"鲸跃龙门"

Magic Leap 公司也借此成功吸引了投资者的目光，在一轮接一轮的融资之后，**Magic Leap** 公司累积融资已经超过了 13 亿美元，得到高通、谷歌和阿里巴巴等科技公司的大力支持。**Magic Leap** 公司融资拿到的钱，甚至比一些上市科技公司市值都高，一跃成为全球资金最充裕的创业公司。

二、AR技术赋能下的生活蓝图

AR 技术赋能场景如表 4.1 所示。

表 4.1　AR 技术赋能场景

场　景	描　述	示　例
游戏娱乐	在现实世界的地图中叠加一个游戏层，让玩家以全新的方式体验现实世界，并且可以与其他玩家交互	
移动观影	无论是在跑步、散步还是上下班的路上，任何场景都可以便捷地欣赏电影电视作品	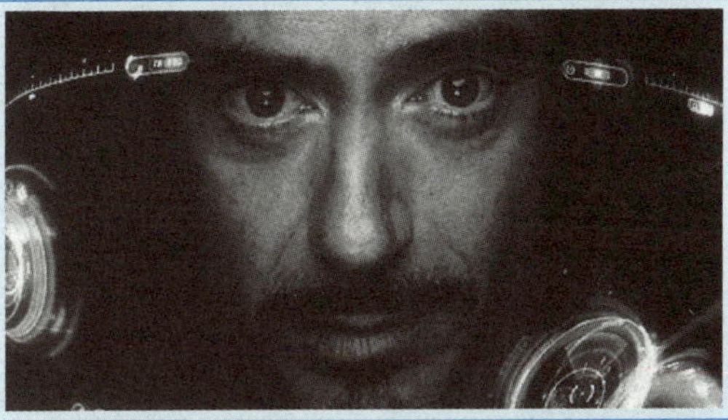
屏幕生成	在任何时候都可以生成高分辨率的屏幕	
视野叠加	将导航直接叠加在视野中，直接看向前方，避免由于低头看手机或汽车导航造成事故	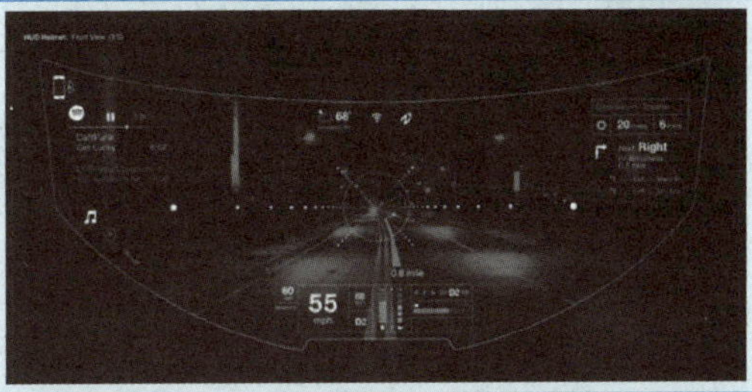
实时翻译	通过 AR 设备，将外语的文本和音频转化为用户的母语并予以显示	

续表

场　景	描　述	示　例
室内设计	在改造房间之前看到最终效果图，如不同颜色的墙、家居布局等。	
说明和指南	从汽车到家具以及各种机械，提供可视化的组装和维修步骤，代替了用户手册和安装指南	
手术助手	在手术中识别骨骼、器官和组织，并获得指令，可以站在医生视角观察，也可以是基于知识库的应用学习	
静脉插入	让医务工作者更容易找到静脉并进行注射，增加一次插入成功的概率	
旅游导览	当人们独自旅行时，参观博物馆或路过某个城市的地标，可以即时了解博物馆的展品和地标的文化背景	

任务实施

在数字化时代，AR 技术逐渐应用于亲子互动中，为亲子关系的提升提供了新的可能性。

步骤一　利用"AR 地球仪"带领孩子云游世界

AR 地球仪是一款基于 AR 技术开发的虚实融合产品，可以将真实的地球图像与虚拟的环境结合起来，呈现给用户一种亲身体验的效果。AR 地球仪不像传统地球仪那样单调无味，用户可以通过手指滑动或缩放，自由切换各种地图视图，或观察不同时间段的气象变化、大洋洲潜水探秘等活动。用户通过 AR 技术除观看地球外，还可以自主选择感兴趣的地理位置及其周边环境信息，可以通过语音交互等方式，获得更多的相关知识和互动体验。

AR 地球仪不仅是一款教学工具，更是一款有趣的亲子互动工具（见图 4.22）。在亲子交流中，通过 AR 地球仪可以让父母和孩子亲身体验地球的真实与神奇，随之展开更多的讨论和沟通，通过 AR 地球仪可以将家庭亲子互动学习变得有趣轻松。

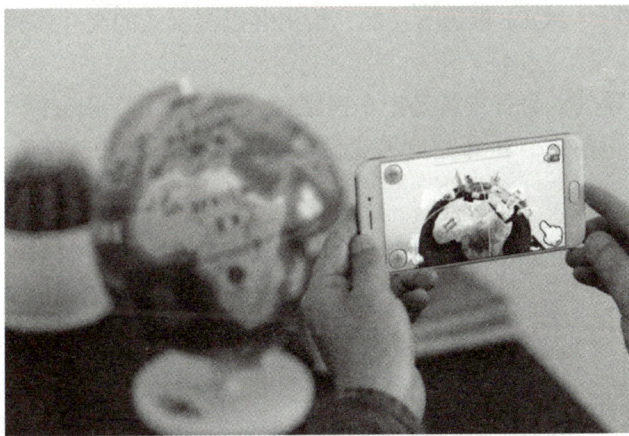

图 4.22　AR 地球仪使用场景

步骤二　AR 试穿衣物

AR 试穿通过虚拟与现实的结合，让 Z 世代的消费者可以获得差异化、个性化的购物体验。

1. 节省时间和精力

借助 AR 技术，消费者无须亲自前往商场试穿，只需动动手指，即可在手机或平板电脑上完成试穿过程。这大大减轻消费者购物负担的同时，也让其有更多时间关注其他事物。

2. 无限搭配

AR 试穿允许消费者在线上商城中浏览、挑选和搭配各种服饰，轻松实现千变万化的穿搭。这极大地拓宽了消费者的选择范围，同时也为时尚产业注入了新的活力。

3. 个性化体验

AR 试穿可以根据每个人的身材、肤色和喜好，提供个性化的穿搭建议。这让消费者能够更加自信地展示自己的个性，从而引领时尚潮流。

4. 环保低碳

AR 试穿减少了实体店的空间占用，减少了试衣间的浪费。在这个注重绿色发展的时代，AR 试穿无疑是一种更具环保意识的选择，图 4.23 展示了 AR 试鞋场景。

图 4.23　AR 试鞋功能

步骤三　AR-HUD 助力周末家庭聚会选择最优路线

随着汽车智能化程度的提升，汽车成为能够独立感知外部环境的智能体。汽车需要传达给驾驶员的信息日益丰富，传统仪表盘已经难以满足多维度的人机交互需求。驾驶员的注意力应优先专注于驾驶，频繁转换视角关注仪表盘、中控、手机的信息会带来诸多盲驾隐患。研究显示，如果驾驶员的视线离开前方路面超 2 秒，事故发生的可能性会急剧上升，由此平视显示系统（head-up display，HUD）应运而生。它将虚拟的图像和实景贴合，一方面可以让驾驶员和乘客无须转移视线，直观地接收到行车状态、导航、辅助驾驶（如车道偏离预警）等信息，大幅提升安全性；另一方面，随着成像面积的不断扩大，HUD 能够进一步把生活娱乐的信息显示其中，实现观影、地图兴趣点（point of interest，POI）推送等功能，给乘客以沉浸式的交互体验，成为链接虚拟和现实世界的桥梁。

AR-HUD 驾车导航，简言之就是把车速限速、转向动作、引导线等重要的导航信息，投影到驾驶员视野正前方，让驾驶员尽量做到不低头、不转头就能看驾驶引导信息，如图 4.24 所示。

图 4.24　汽车 AR HUD 示意

■ 大胆尝试

高德导航是我们常用的导航 App 之一，其 HUD 使用模式该如何开启并使用？

（1）打开高德地图，输入导航一个目的地的位置，点击"开始导航"。

（2）在"导航模式"的设置页面下，找到"打开 HUD 模式"的按钮。

（3）进入 HUD 界面，选择"投影功能"，并将手机放在仪表盘上，让投影仪正投在玻璃上即可。

步骤四　体验家庭版 AR 沙盘游戏

沙盘中的一沙一世界、一花一天堂，都为父母和孩子搭建零距离的沟通桥梁。在小朋友将沙子堆成不同形状过程中，孩子们通过发挥自己的想象力创造各种地形，在游戏中了解到火山喷发、大陆板块、海洋的动态形成。AR 沙盘游戏（见图 4.25）采用了 AR 技术，让沙子具备了生命力，同时，赋予孩子"翻手为云""覆手为雨""妙手生花"等超能力。通过玩沙过程中的"碰撞"和"协作"，激发孩子的创造欲，并培养其动手能力，开阔其眼界，打开脑洞，同时能够培养孩子自信、乐观的性格和品质。

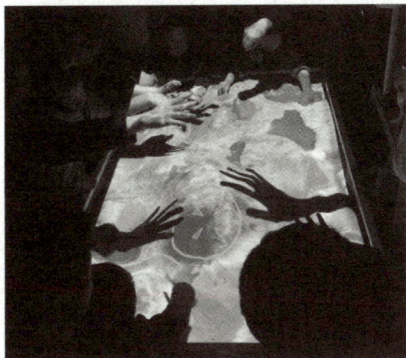

图 4.25　AR 沙盘游戏

任务思考

Magic Leap 拥有一些特殊的技术，例如把虚拟图像"绘入"视网膜，来实现虚实结合的效果。你对这样大胆的构想有何观点？是创新的尝试？还是会为使用者的视力带来潜在的风险？

课后拓展

近几年，随着国内 VR/AR 产业的完善，一批 AR 创新型企业也如雨后春笋般出现，如光粒科技、凉风台、阿依瓦等，备受瞩目。请从国内 AR 产业链中选择一家你感兴趣的公司，结合该公司的产业类型和技术特征，总结并绘制该公司的发展版图。

项目自测

1. 知识检测

（1）增强现实的三个特征是什么？

（2）一套完整的 AR 系统一般需要设计哪六个部分？

2. 话题思考

（1）从近眼显示的技术角度陈述"锦上添花"的意义。

（2）畅想 AR 技术加持下的新生活画面。

学习成果实施报告书

题目					
班级		姓名		学号	

任务实施报告

　　假设你有一台经典 AR 眼镜——Microsoft Hololens，你的生活足迹中会出现哪些 AR 元素？请以日记的形式记录"AR+我的一天生活"。

考核评价（按 10 分制）

教师评语：	态度分数	
	工作量分数	

考评规则

工作量考核标准如下。

1. 任务完成及时。

2. 书写规范，主题鲜明。

3. 日记内容真实可靠，条理清晰，文本流畅，逻辑性强。

奖励：每提交一篇日记，加 1 分；日记文字感强，加 1 分；情感饱满，加 1 分；图文并茂，加 1 分。

惩罚：没有完成工作量，扣 1 分；故意抄袭实施报告，扣 5 分。

全息投影的魅力

项目导读

一提到"投影"相关，我们总是想到发光的像素通过幕布来组成不同的图形，以实现投影的功能效果。全息投影则不需要依托幕布，让像素能够自己控制投影的纵深位置，从而在空间的任意一点显示这束光，如此一来，我们就得到了一个全息的三维成像画面。有了三维成像的画面，通过改变相对影像的不同视角，能够看到成像不同的形态结构，在裸眼观察下便极具立体感和真实性。本项目将详细解释全息投影的相关概念、在春晚中的应用案例以及如何制造一个简易的全息投影仪。

任务 5.1　欣赏全息投影在春晚亮相

情境描述

央视春节联欢晚会是亿万观众欢度春节的一个重要形式，是长久延续的"年味"。在2012年的春晚上，一首《因为爱情》随着音乐响起，全息投影技术在两位演员之间搭起了一座花瓣桥。这之后，全息投影技术在春节联欢晚会上被广泛使用，随着技术的进步，投影画面的质感也不断提升。请认真筛选采用了全息投影技术的春晚节目，深入欣赏科技与艺术的融合，并制作节目集锦。

学习目标

素质目标	1.提升对中华传统节日文化的关注； 2.培养艺术欣赏品味； 3.强化科技强国认知

知识目标	1. 了解全息投影技术和概念； 2. 能够识别基于全息投影技术的文艺节目
能力目标	能够高效完成全息投影技术的案例筛选与集锦制作，并对其背后的全息技术进行简单评析

建议学时

4 学时。

知识加油站

一、全息投影的原理

全息投影技术也称虚拟成像技术，是一种利用干涉和衍射原理记录并再现物体真实的三维图像的技术。全息投影技术不仅可以产生立体的空中幻想，还可以使幻想与表演者产生互动，一起完成表演，完成演出效果。全息投影一般分为拍摄和成像两个步骤。

1. 拍摄过程

利用干涉原理记录物体光波信息，即拍摄过程。由激光器发出的激光，在分束镜作用下被分为两束光，一束光经过平面镜和扩束镜照射到物体上，并由物体反射形成物光束；另一束光经过平面镜和扩束镜直接照射到记录介质上（此处使用全息干板）。当物光束和参考光束在记录介质上相遇时，它们会发生干涉，形成干涉条纹，这些干涉条纹图案记录了物体光波的全部信息，包括振幅、相位和频率。经过显影、定影等处理程序后，形成全息图或全息照片，如图 5.1 所示。

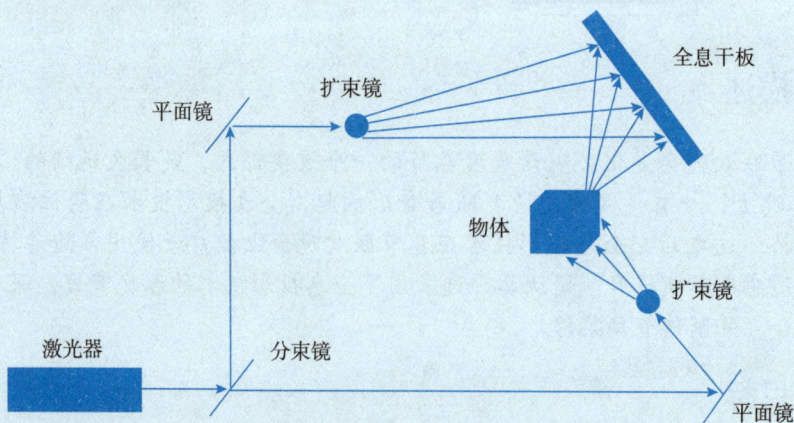

图 5.1 拍摄过程原理

2. 成像过程

利用衍射原理再现物体光波信息，即成像过程。全息图如同一个复杂的光栅，在相干激光照射下，全息图的衍射光波可以形成原始像和共轭像，再现的图像立体感强，具有真实的视觉效应，如图5.2所示。由于全息图的每一部分都记录了物体上各点的光信息，因此原则上它的每一部分都能再现原物的整个图像。

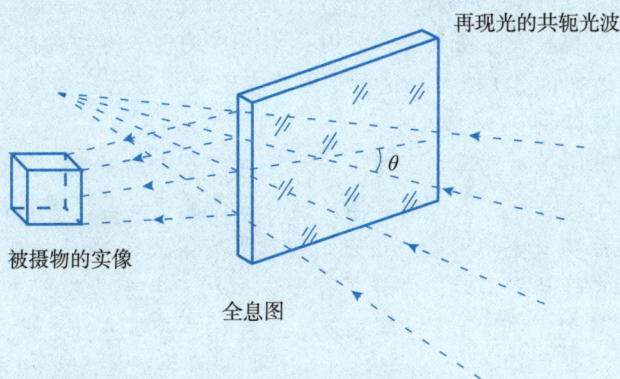

图 5.2　成像过程原理

不同于平面银幕投影仅仅在二维表面通过透视、阴影等效果实现立体感，由于全息图记录了物体的所有视角信息，因此从不同角度观察全息图可以得到物体的不同侧面视图，从而提供了真实的三维视觉体验。

二、全息投影技术的发展历史

1. 全息投影技术的提出

1948年英籍物理学家伽博（Gabor）首先提出了全息学的原理。从那时起至20世纪50年代末期的全息投影术，均采用汞灯作为光源，相干性很差，这也是第一代全息投影技术发展缓慢的主要原因。

2. 激光记录激光再现时期

1960年激光问世，提供了一种高相干性光源。1962年，美国科学家 E. N. Leith 和 J. Upatnieks 将通信中"侧视雷达（side-looking radar）"的思路应用到光全息投影中，从而提出了离轴全息投影的新方法。

3. 全息快速发展年代

此后，科学家们又相继发展了多种全息投影记录技术。以上这些开拓性的工作，使全息投影技术的应用成为可能，并使之进入快速发展年代。

三、全息投影的分类

1. 空气投影和交互技术

空气投影是一种不需要凭借复杂的设备，就可直接在空气中显现的技术。麻省理工学院一位名叫 Chad Dyne 的29岁研究生发明了一种空气投影和交互技术，这是显示技术上的一个里程碑，它能够在气流构成的墙上投影出具有交互功能的图画。此技术受空中楼阁的启发，将图画投射在水蒸气液化构成的小水珠上，由于分子震动的不均衡，从而构成层次和立体感很强的图画。

2. 激光束投影技术

日本公司 Scienceand Technology 发明了一种用激光束投射实体的 3D 影像技术。这种技术的原理是氮气和氧气在空气中散开时，混合成的气体变成灼热的浆状物质，并在空气中构成一个短时间的 3D 图画，这需要不断在空气中进行小型爆破。

3. 雾幕立体成像体系

雾幕立体成像体系（也称雾屏成像）技术凭借空气中的微粒，经过镭射光在空气中成像，同时运用雾化设备产生人工喷雾墙，结合平面雾气屏幕，再将投影仪中的图画投射到喷雾墙上，然后构成全息图画。山东锦茂世界有限公司的"一种 3D 全息投影雾幕体系"技术，能够在舞台表演时，打开雾幕设备如 PLC 控制器、灯光设备、音频设备、投影和雾幕等，再将 3D 画面投影至雾幕表面，用灯光设备进行布景光线转化，即可完成整个舞台扮演。

4. 360° 全息显示屏

南加利福尼亚大学创新科技研究院的研究人员研发了一种 360° 全息显示屏。该技术是将图画投影在一种高速旋转的镜子上，然后完成三维图画，这项技术代表了未来全息投影技术的先进趋势。

四、全息投影技术的应用

全息投影技术广泛应用于商业、娱乐等领域，如图 5.3 所示为全息投影技术的多元化应用场景。

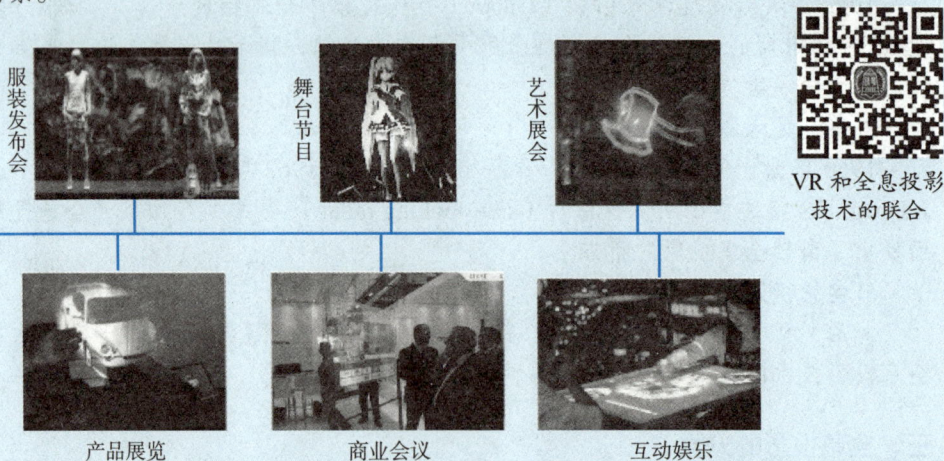

服装发布会　舞台节目　艺术展会

VR和全息投影技术的联合

产品展览　　　　商业会议　　　　互动娱乐

图 5.3　全息投影技术的多元化应用场景

在商业方面，全息投影技术可以用来展示产品，提升市场营销效果，吸引更多的消费者，例如，一些高端品牌会使用全息投影来展示它们的最新产品，给客户带来绝佳的消费体验。如图 5.4 所示为全息投影沙盘展示效果。

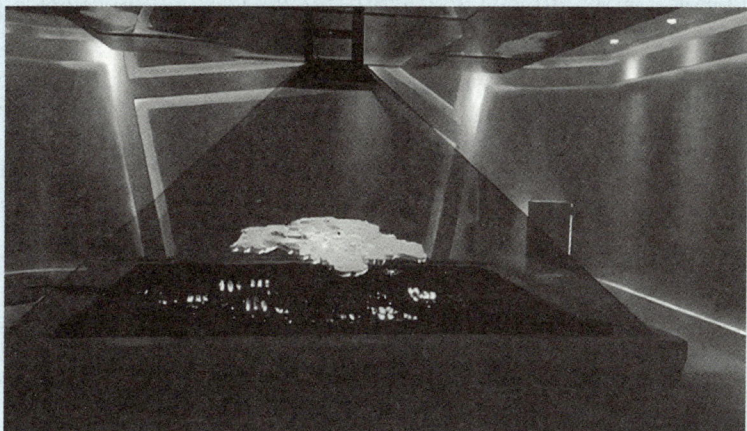

图 5.4 全息投影沙盘展示效果

在娱乐方面，全息投影技术可以用于音乐和演出其表演，为观众提供更加互动和视觉冲击力的形式。全息投影技术能够将平面的舞台背景变为立体的视觉展示效果，让舞台愈发生动逼真。利用全息技术，舞者还能与虚拟角色登台共舞，甚至与虚拟场景进行互动，极大地丰富了演出内容，提高了观众的沉浸感和参与感。如图 5.5 所示，表演者在全息舞台上与虚拟伴舞共同演绎情景剧。

图 5.5 全息舞台情景剧

除此之外，全息投影技术还可以用于科学研究和医学领域，如手术演示、人体解剖等。

任务实施

请认真筛选采用了全息投影技术的春晚节目，深入欣赏科技与艺术的融合。

步骤一 概括全息投影技术在春晚舞台的应用情况

从 1983 年开始，春晚成为国人除夕晚上最期待的一场精神盛宴。这几年，随着舞台显示技术的不断发展，春晚也开始从人工表演向视觉特效飞速前进。以全息投影技术为主的特效营造"神器"成为春晚舞台上的新宠。

步骤二　回顾融合全息投影技术的经典春晚节目

1. 2012年央视春晚——《雀之恋》

春晚中的全息投影技术最早于2012年龙年春晚采用，《雀之恋》作为本届春晚的一大亮点节目，为观众带来了一场视觉盛宴。利用全息投影技术呈现的孔雀开屏画面与舞台上的舞者浑然天成，如图5.6所示。

图5.6　春晚舞台上的《雀之恋》

2. 2016年辽宁卫视春晚——《金猴闹春》

2016年猴年辽宁卫视春晚为观众奉上了一个极具观赏性的节目——《金猴闹春》。美猴王与全息投影技术结合，完美诠释了"分身术"，腾云驾雾、手舞金箍棒的表演，以及花果山、天宫等壮丽美景也通过全息投影技术得以再现舞台，如图5.7所示。

图5.7　美猴王与全息投影技术结合

3. 2019 年央视春晚开场歌舞——《春海》

在 2019 年央视春晚开场歌舞《春海》舞台上，翩然升起的荷花场景就是利用全息投影技术打造的舞台效果，通过上升的荷花场景，将喜庆的节日氛围拉满，如图 5.8 所示。

图 5.8　春晚开场歌舞《春海》中的荷花场景

步骤三　回顾全息投影"名人驾到"的应用现场

全息投影技术被称为"还魂药"，真实生动地重现了已故巨星们的风采。同时，也被称为"分身法宝"，让名人如临现场。接下来让我们回顾一下三个最经典的全息投影技术应用。

1. 霍金通过全息投影技术与大家见面

2017 年 3 月，霍金通过全息投影技术降临到中国香港的某次会议上，如图 5.9 所示。霍金以他那极具代表性的声音向观众打招呼："我现在讲的话你们能收到吗？"随后，展厅尽头的台上霍金就凭空"出现"了。瞬间台下上百位观众齐声高呼："听到啦。"霍金立马做出回应："我也听到了。"而此刻，霍金本人正身处英国剑桥大学办公室里。

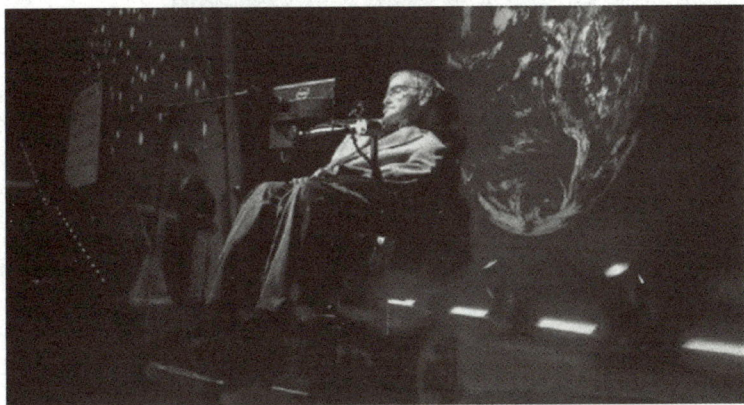

图 5.9　霍金通过全息投影技术降临中国香港某次会议

2. 国际奥委会主席巴赫的"云拜年"

2022 年 2 月 6 日，时任国际奥委会主席巴赫通过全息投影技术"现身"2022 北京新闻中心云聚展区，向媒体记者"云拜年"。记者眼前的巴赫影像，栩栩如生、发丝清晰可见，如同本人亲临现场，巴赫手执的春联上联写着"四海健儿新春聚"，将节日氛围拉满，如图 5.10 所示。

图 5.10　巴赫"云拜年"

任务思考

我们熟悉的一些经典三维立体成像场景是否就是真正的"全息投影技术"？事实上，它们并非都是真正的全息投影技术，而是一种"伪全息"。伪全息投影技术一般采用的是平面投影方式，其原理如图 5.11 所示。

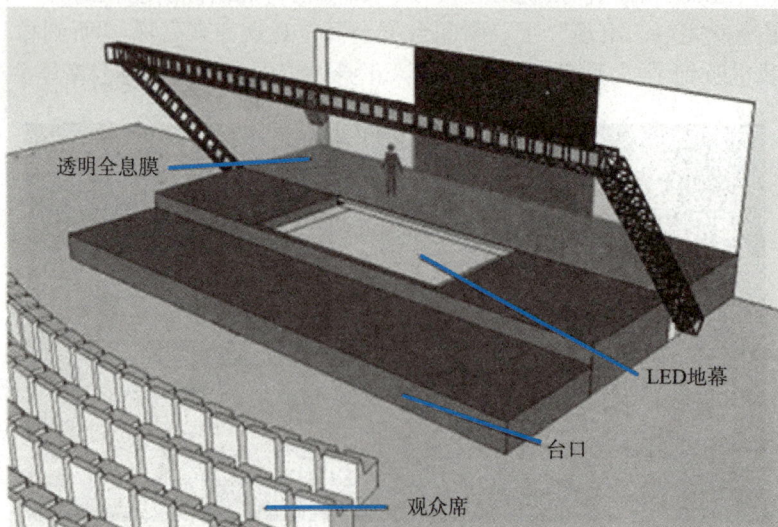

图 5.11　伪全息投影技术原理

春晚节目《蜀绣》便是采用了平面投影技术（伪全息投影技术），该节目在演出中使用 45° 斜拉膜方式，将预先制作好的视频在地面 LED 屏幕上播放，通过 45° 斜拉膜把可见光折射到观众眼中。由于观众是看不到屏幕的，所以看起来人就是凌空出现在舞台空间中了。

因此，辨别真假全息投影技术，可以以"是否能从 360°的任何角度观看影像"这一标准来判断。

课后拓展

全息投影技术突破了传统声、光、电局限，将美轮美奂的画面带到观众面前，给人一种虚拟与现实并存的双重世界感觉。

全息照相的方法从光学领域推广到其他领域，如微波全息、声全息等得到很大发展，成功地应用在工业医疗等方面。地震波、电子波、X 射线等方面的全息也正在深入研究中。

全息图有极其广泛的应用，如用于研究火箭飞行的冲击波、飞机机翼蜂窝结构的无损检验等。

未来全息投影技术的发展前景如何呢？请大胆畅想一下吧。

任务 5.2　制作简易的全息投影仪

情境描述

在参观科技馆、博物馆时，经常看到全息展示柜，它是一种数字化展示设备，通过使用全息投影技术在展示柜内呈现出三维的虚拟图像，为观众创造出一种沉浸式的视觉体验。这种展示方式可以生动地呈现出真实物品的三维细节和特点，同时又避免了物品受到观察者的触碰和其他损伤。观众可以不戴 3D 眼镜就能看到空间中呈现的立体三维图像，画面逼真、立体感强。请认真思考全息投影展示柜所能发挥的展示作用，并利用身边的材料，自制一台简易的全息投影仪。

学习目标

素质目标	1. 培养学生劳动意识； 2. 培养精益求精的工匠精神
知识目标	1. 了解全息投影技术在展示情景下的功能； 2. 能够辨析全息投影和传统意义的虚拟现实的区别
能力目标	1. 能够利用生活中的材料完成简易全息投影仪的制作； 2. 能够将全息内容在全息投影仪中展示

建议学时

4 学时。

知识加油站

一、全息投影展示柜的概念

全息投影展示柜是一种展示设备，展示柜内的物品或文物被放置在一个平台上，平台下方则放置着全息投影装置。观众可以通过展示柜的透明面板观看到物品或文物的三维全息图像，如图 5.12 所示。

图 5.12　全息投影展示柜

全息投影展示柜通常在博物馆等展示场所中使用，可以提供更加真实、生动和引人入胜的展览效果。

全息投影技术中常见的一类技术是反射全息投影，这种技术通过控制光线的反射与折射呈现出彩色三维图像。通过多台投影机同时工作将三维画面投射在半空中，创造出具有很强的空间感和临境感的、令观众真假难辨的特殊效果。例如，传统展示中，如果需要重点展示一件展品，则需要单独制作展示柜将其放入其中，并结合射灯增加展出效果。但是，如果展品尺寸很小或展品很贵重不方便暴露在强光下或空气中展出时，就会出现展出瓶颈。在使用全息投影技术后这个问题就变得非常简单了，数字化的加工方式，不仅让观众可以很清晰地观看展品，而且可以结合交互设施让观众通过旋转、缩放等功能观看展品的细节。全息投影技术极大地丰富了展示手段，为展示活动的发展提供了更广阔的空间。

想 一 想

全息投影技术在任何空间都能使用吗？
当然不是任何场景都适用的。目前，全息投影展示柜装置不宜在户外使用。

二、全息投影和传统意义的虚拟现实的区别

虽然全息投影和虚拟现实技术均可产生三维立体效果，但两者之间在成像原理上、

成像设备上和观影方式上完全不同。

1. 成像原理的区别

在成像原理上，全息投影技术利用了光的干涉和衍射原理，通过将光投射到物体表面，然后将反射的光线投射到二维平面上，从而形成三维物体的投影。虚拟现实成像原理是通过计算机模拟出一个虚拟的三维环境，然后通过显示器等设备将这个虚拟环境的图像投射到用户的眼睛中，让用户有身临其境的感觉。

2. 成像设备的区别

在成像设备上，全息投影设备包括用于投影的一些设备，例如，投影仪、显示器，以及用于呈现投影影像的全息板或全息投影膜等。虚拟现实技术以计算机技术为核心，主要设备包括输入设备（三维传感器、鼠标、键盘、数据手套等）、计算机、输出设备（大型显示设备、传动杆、力反馈机械臂等），以及相关的数据库软件和应用软件等。

3. 观影方式的区别

在观影方式上，全息投影无须再借助其他辅助设备，用户可以裸眼观看投影效果，而虚拟现实则必须辅助装置如头盔、眼镜等方式进行观看。

任务实施

如何制作简易的全息投影仪　全息投影素材（手版）

步骤一　材料准备

制作简易的全息投影仪，需要用到通透性好的塑料薄板（A4 纸大小）一张，其他会用到的工具包括画图纸、铅笔、智能手机、剪刀、透明胶带。

步骤二　在纸上绘制图形模板

借助画图纸上的格子和尺子绘制出一个上底 1 厘米、下底 6 厘米、高为 3.5 厘米的等腰梯形，并用剪刀沿直线裁剪下，作为图形模版，如图 5.13 所示。

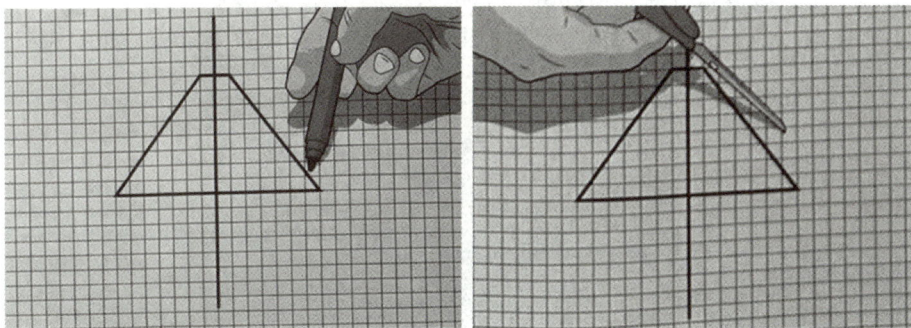

图 5.13　绘制图形模版示意

步骤三　剪裁透明薄板

将剪下的梯形模板放置在透明薄板上，用笔在薄板上不重叠地描出四个模板的形状，并按照轮廓整体裁剪下来，如图 5.14 所示。

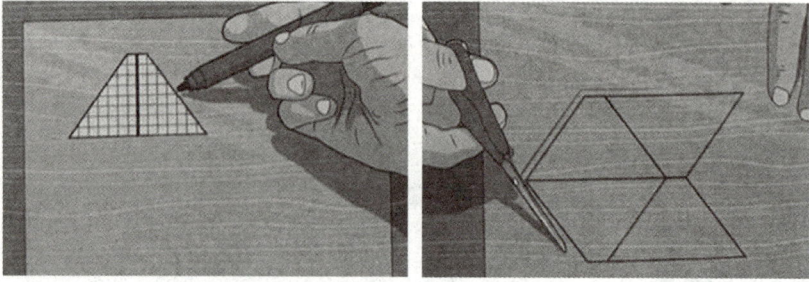

图 5.14　利用纸质模板描绘剪裁形状

步骤四　组建黏合

将四个梯形并排摆放在桌面上，每个梯形的下底与上底连接，之后用透明胶带将四个梯形的腰尽可能牢固地粘在一起，如图 5.15 所示。

步骤五　准备成像素材

从智能手机中找到一段全息投影素材（一个由四个部分组成的视频），将自制投影仪的小口朝下放置，立在手机屏幕上，为效果展示做准备工作，如图 5.16 所示。

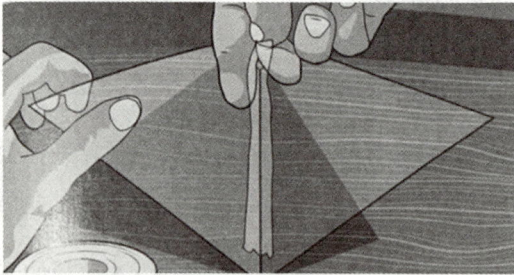

图 5.15　塑料梯形组建黏合示意

图 5.16　手机完成全息投影素材准备示意

步骤六　全息成像效果展示与欣赏

用手机播放步骤五准备好的视频素材，即可进行全息成像效果赏析，如图 5.17 所示。

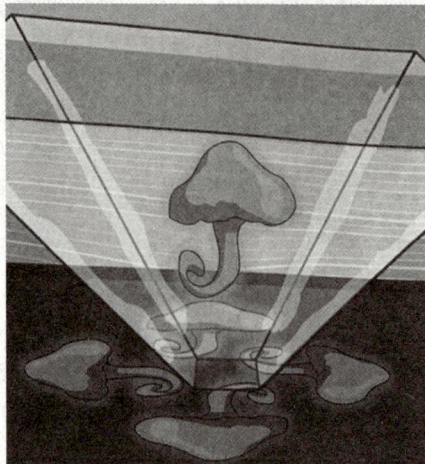

图 5.17　全息成像效果示意

任务思考

使用不同通透性的塑料薄板对自制全息投影仪的成像效果是有很大影响的。除了选用通透性好、硬度优良的透明薄板，手机在播放全息视频时，还应该完成哪些设置？周围的环境应该如何布控才可获得更好的成像效果？

课后拓展

全息投影技术发展的目标是对现实世界彻底的再现，可以想象当这个目标实现时，人类身处于一个被数字化了的社会，每天都会在不停地问一个问题——究竟什么才是真实的？那么全息投影技术在展示活动中的发展趋势是怎样的？

在电影《星球大战》中 R2-D2（一个虚构的机器人角色）在地板上投射出莉亚公主的影像，这一场景是通过全息投影技术实现的。电影中的场景是全息投影技术的终极发展目标。未来的展示设计在全息投影技术的支持下也将为观众带来这种体验，良好的展品可以使用全数字化的方式虚拟在观众面前，抽象的概念可以通过具象的画面在观众身边展现，展示设计对展示内容的阐释和解读将会完全超乎想象。

但是，最终全息投影技术在展示活动中的使用还要依托于设计师对设计主题的理解。把世界最新技术拿来乱用一气，并不意味着想象力与创造力是一流的。不可错误地把新技术等同于想象力与创造力本身。技术只是实现展示设计目的的手段，如何使用才是决定全息投影技术使用效果优劣的核心因素。

项目自测

1. 知识检测

（1）请以简图形式描绘全息投影的拍摄和成像过程。

（2）简述全息投影技术的多元化应用场景。

（3）如何辨别全息投影技术和伪全息投影技术。

（4）全息投影技术和传统意义的虚拟现实技术的区别。

2. 话题思考

（1）全息投影技术对博物馆藏品展览的价值意义是什么？

（2）畅想 AR 技术加持下的新生活图谱。

学习成果实施报告书

题目				
班级		姓名		学号	

任务实施报告
有人觉得利用全息投影技术"复活"一位偶像是神奇且伟大之举，有人则认为"名人复活舞台"纯属无稽之谈，你的想法如何呢？请展开一场 solo 辩论赛，分别从两个观点出发，各陈述 3 条论证。

考核评价（按 10 分制）		
教师评语：	态度分数	
	工作量分数	

考评规则
工作量考核标准如下。 1. 任务完成及时。 2. 论点提出合理。 3. 论证条理清晰，文本流畅，逻辑性强。 　　奖励：多增加一条论证，加 1 分；每条论证下提供详细说明的，加 1 分。 　　惩罚：没有完成工作量，扣 1 分；故意抄袭实施报告，扣 5 分。

与虚拟数字人共生

项目导读

随着政府和企业积极聚焦元宇宙赛道，虚拟数字人和虚拟场景作为元宇宙场景入口，在营销、教育、医疗、政府服务等实体经济场景下已有所应用，在促进应用场景多元化的同时，也能促进相关企业的发展，形成良性循环。本项目将针对虚拟数字人进行现状剖析和未来研判。

任务 6.1　虚拟数字人"破圈"而来

情境描述

央视网虚拟主播小 C 自出道以来，已推出了多档栏目，在全国两会、北京冬奥会等重大场合亮相，与各界专家、体育明星等进行交流，还对"同行"虚拟偶像嘉然和星瞳进行了访谈，取得不少成果。目前我国主流视听媒体推出的虚拟数字人已达数十位，虚拟数字人的功能也逐渐受到更多人关注。通过本任务的学习，请认真梳理虚拟数字人的概念和诞生机理，以自己的照片为蓝本生成属于自己的数字化身。

学习目标

素质目标	1. 感受科技对人们生活带来的改变； 2. 培养创新能力和审美能力
知识目标	1. 了解虚拟数字人的定义和创建步骤； 2. 了解虚拟数字人的分类标准
能力目标	能够用合理的方法创建虚拟数字人形象

⏰ 建议学时

4 学时。

📖 知识加油站

一、虚拟数字人的定义

虚拟人、数字人、虚拟数字人的目标是通过计算机图形学（computer graphic，CG）技术创造出与人类形象接近的数字化形象，并赋予其特定的人物身份设定，在视觉上拉近和人的心理距离，为人类带来更加真实的情感互动。按照各定义特征的要求，数字人的范畴包含虚拟人，虚拟人的范畴包含虚拟数字人，如图 6.1 所示。

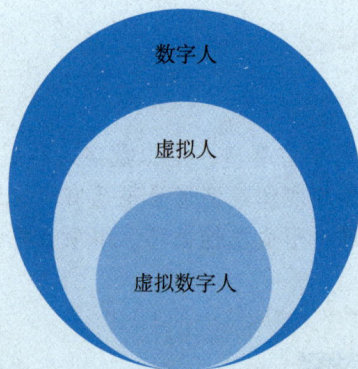

图 6.1　数字人、虚拟人和虚拟数字人的关系

虚拟数字人的认知可被分解为三个概念，分别是"虚拟""数字"和"人"，如图 6.2 所示。"虚拟"代表了非物理世界的存在属性；"数字"代表技术依托性；"人"凸显了虚拟数字人外表、行为和交互行为等方面高度拟人化特征。

虚拟数字人具有形象能力、表达能力和感知互动能力三大特征。在形象能力方面，虚拟数字人拥有人的外观，具有特定的相貌、性别和性格等任务特征。在表达能力方面，虚拟数字人拥有人的行为，具有用语音、面部表情和肢体动作表达的能力。在感知交互能力方面，虚拟数字人拥有人的思想，具有识别外界环境，并能与人交流互动的能力。

二、虚拟数字人的发展历史

得益于计算机图形学和人工智能等技术推动，虚拟数字人发展经历了萌芽、探索、初级和成长四个阶段，应用领域从文娱领域拓展至金融、医疗、教育、通信等千行百业，如图 6.3 所示。

存在于非物理世界，不同场景实现难度各异

- 以图片、视频、实时直播、实时动画等方式存在于电子屏中，如App、小程序、软硬一体显示设备
- 各场景所需时延、驱动方式不同，对技术、运营等要求差异显著，例如，直播等实时场景要求低时延，但内容生成场景无此要求

依托技术存在，技术系发展驱动力

- 虚拟数字人是多技术综合产物，其核心技术包括CG建模、真人驱动、多模态技术、深度学习等
- 近年来，CG、语音识别、图像识别、动作捕捉等技术成熟，为数字人发展做出了重大贡献

外表、行为、交互行为等方面高度拟人化

- 外表：虚拟数字人的面部长相和整体形象，受到虚拟数字人类别、制作细节、渲染水平、设计审美等方面影响
- 行为：虚拟数字人的面部表情、形体表达、语言表述等，受到驱动方式、驱动模型类别、训练数据、驱动模型精度等方面影响
- 交互：虚拟数字人与现实世界的交互水平（包括回答内容、肢体反应），受到语音识别能力、自然语言理解与处理水平、知识图谱、预先设置知识库等方面影响

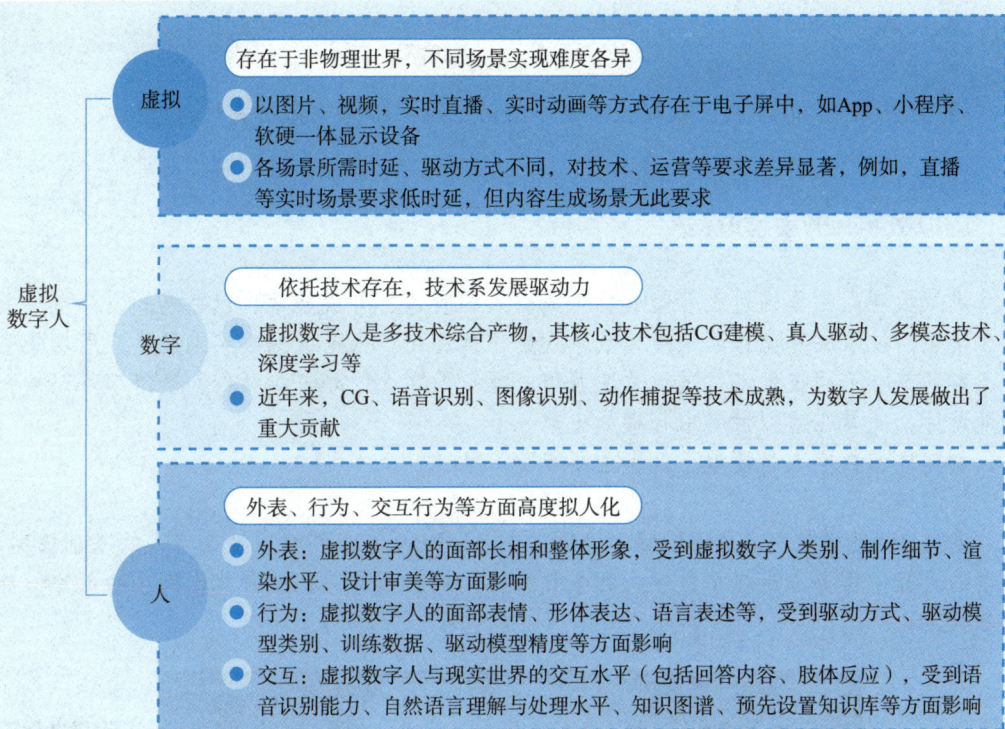

图 6.2　虚拟数字人概念分解剖析

进展	开始尝试将虚拟人物引入现实世界	CG、动作捕捉等计算机技术正逐步代替传统手绘	深度学习算法突破简化数字人制作过程	向智能化、便捷化、精细化、多样化发展
技术	技术以手绘为主	技术革新造价高昂	AI成为不可分割的工具	技术全面提升与突破
典型事件	□世界首位虚拟歌姬林明美：1982年，日本动画《超时空要塞》女主角林明美 □虚拟演员Max：1984年，英国人Georgia Stone创作出虚拟人物Max，并成功参演电影和多支广告	□CG+动作捕捉技术创作"咕噜"：2001年，《指环王》咕噜角色是由CG和动作捕捉技术所创建 □CG技术打造高认可度虚拟数字人：2007年，日本制作出二次元少女偶像"初音未来"，后被大众广泛认可	□全球首个全仿真智能AI主持人：2018年，新华社与搜狗联合发布"AI合成主播" □银行业首位数字员工：2019年，浦发银行和百度共同发布数字员工"小浦"，通过移动设备向用户提供"面对面"银行服务	□写诗级虚拟人物形象：2019年，数字王国软件研发部负责人Doug Roble携自己的虚拟形象DigDough登上TED演讲台 □AI驱动的虚拟人物：2020年，三星旗下STAR Labs在CES国际消费电子展上展示数字人NEON，具备表达情感和沟通交流能力
发展阶段	萌芽阶段	探索阶段	初级阶段	成长阶段
	20世纪80年代	21世纪初	近十年	现在

图 6.3　虚拟数字人发展历程图

　　虚拟数字人发展与其制作技术进步息息相关，经历了从早期手工绘制，到计算机绘图、人工智能合成，制作过程得到了有效简化。

早在 20 世纪 80 年代,就诞生了世界上第一位被称为"林明美"的虚拟人。

三、虚拟数字人的创建过程

虚拟数字人制作的过程涵盖人物生成、人物表达、合成显示、识别感知、分析决策五大模块,技术成熟化推动了虚拟数字人制作精良化。根据虚拟数字人最终应用场景不同,各环节在不同技术点可进行适度调配。虚拟数字人的外貌、动作和表情都可以被精细地设计,使其在虚拟世界中栩栩如生。

创建虚拟数字人需要以下几个主要步骤。

1. 建模

通过 3D 建模软件,如 Blender、Maya 或 3ds Max 等来创建虚拟数字人的基础模型。建模的过程中需要考虑虚拟数字人的各种特征,包括面部特征、身体比例、肤色等,如图 6.4 所示。

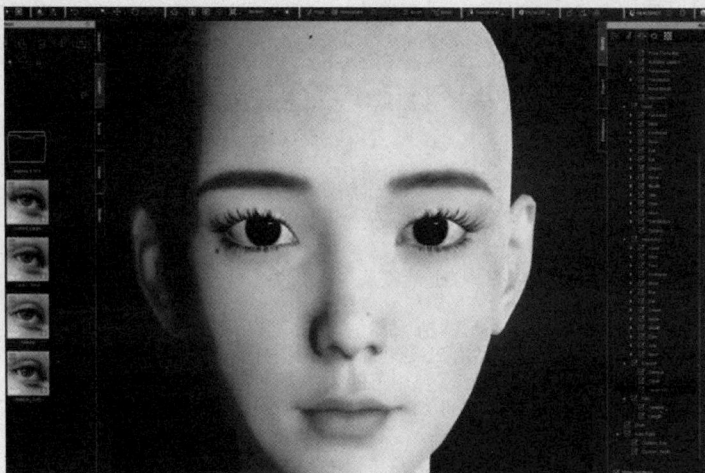

动捕技术对于动画制作的意义

图 6.4　建模过程

2. 纹理映射

在模型创建完成后,需要将纹理(即表面的图像或图案)应用到模型上。这可以让虚拟数字人的皮肤、服装等呈现出更真实的细节,如图 6.5 所示。

3. 骨骼绑定

为了让虚拟数字人能够做出各种动作,需要将骨骼(即人体骨骼)与模型绑定。这样,当骨骼移动时,数字人的模型也会相应地做出动作,如图 6.6 所示。

4. 动画制作

通过 3D 动画软件,如 Adobe After Effects 或 Cinema 4D 等,可以制作虚拟数字人的各种动作和表情。动画师可以精确地控制虚拟数字人的每个动作和细微表情,使它们在虚拟世界中表现得栩栩如生。此过程也可通过使用动作捕捉和面部捕捉设备来实现，如图 6.7 所示。

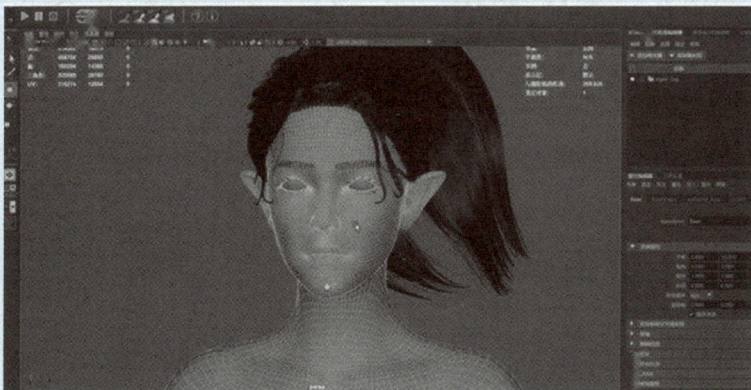

图 6.5　纹理映射过程

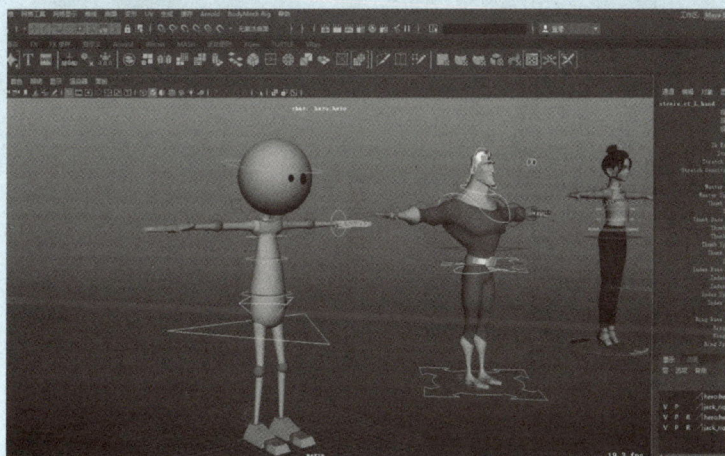

图 6.6　骨骼绑定过程

图 6.7　动画制作过程

5. 语音合成

语音合成技术的发展让每位虚拟数字人拥有独特的声音成为可能。目前语音合成技术可将文字转化为自然流畅的自然人的声音，并提供多种人声选择，支持多语种、多方言和中英混合，可灵活配置音频参数，已广泛应用于新闻阅读、出行导航、智能硬件和通知播报等场景，如图 6.8 所示。

图 6.8　语言合成过程

随着技术的精进，语音合成由"千篇一律"进化到"千人千面"，多情感超拟人合成功能，将全自然语音交互体验带上了新的台阶。基于多情感超拟人合成，还带来了另一项实用的功能，那就是"一句话声音复刻"。当年高德地图首创的明星原声播报功能，就是基于科大讯飞的语音合成技术。当时明星需要录制一个礼拜的声音，才能获得专属导航语音包。过了几年，随着讯飞语音合成技术的升级，再录制明星原声缩短至 1 小时。如今，只要创建"发音人"，再朗读一段指定文本，人人都可以利用一句话声音复刻功能，轻松复刻出自己的声音。

6. 渲染

渲染是将虚拟数字人在虚拟世界中呈现出来的过程。渲染软件如 V-Ray 或 Arnold 等可以对虚拟数字人进行最后的渲染和光照处理，使其在虚拟世界中看起来更加逼真，如图 6.9 所示。

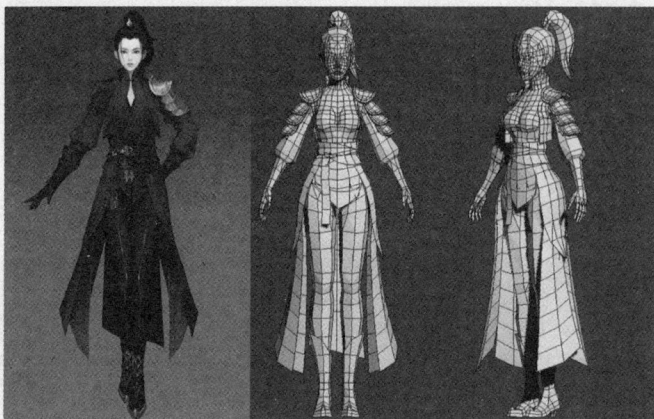

图 6.9 模型渲染过程

四、中国虚拟数字人的市场规模

近两年间，OpenAI 和谷歌、微软相继发出新品，ChatGPT 已经能够实现多模态的实时交互。在此背景下，AI 数字人呈现井喷式增长，成为数字内容产业的重要革新力量，如图 6.10 所示。

数字人是通过语音克隆、语音交互、3D 建模、表情和动作驱动等先进技术，创造出的仿真人形象和声音的数字人。受益于 5G、VR/AR、云计算、实时渲染、AI 等技术的进步，数字人的个性化定制及智能化交互能力增强，应用范围愈加广泛，市场规模快速增长。

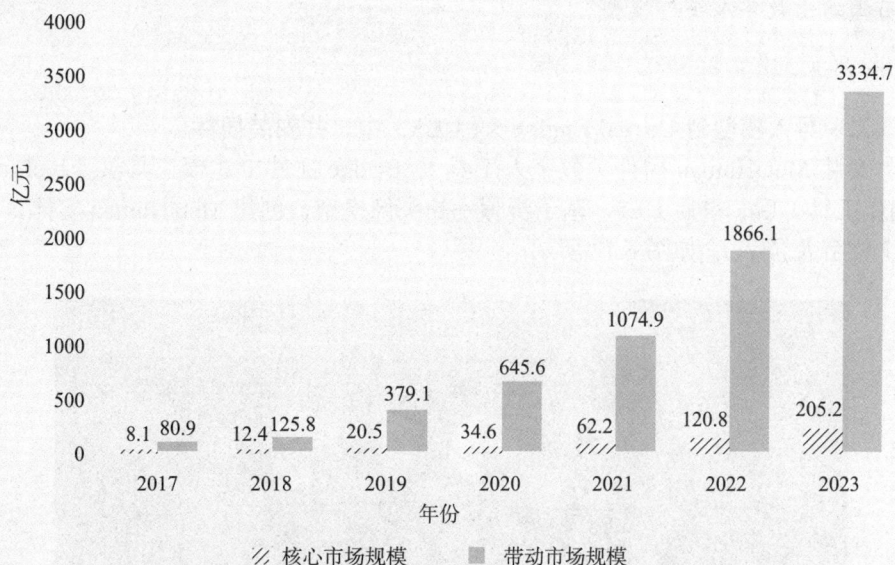

图 6.10 2017—2023 年中国虚拟数字人规模趋势

任务实施

步骤一　用自己的照片生成头像模型

使用虚拟形象生产平台 Avatar SDK 在线制作头像模型，这个 HTML5 是基于 WebGL 的 OpenCV 技术构建，既可以上传一张照片（分辨率高的）生成头的模型，也可以生成头和身体模型。为了不影响建模，一般选择秃头导出数字人头部模型，如图 6.11 所示。

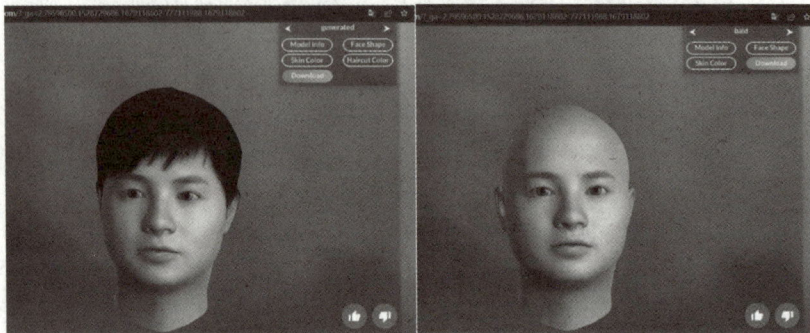

图 6.11　建立头部模型

➡ 另辟蹊径

除了用以上在线网站制作头像模型外，还有其他两种方式生成头部模型：①使用 Polycam 软件，通过上传不同角度的头部照片生成 3D 模型；②围绕模特头部拍摄不同角度照片，随后将照片导入 Metashape 中，设置对齐照片，创建点云，从而构建出数字人头部模型。

步骤二　导入模型到 Unreal Engine 5（UE5）中，并安装插件

（1）安装 MetaHuman 插件（数字人工具）、Bridge 插件（建模工具）、LiveLink 插件（交互动作工具）后，重启 UE5。基于步骤一的头像模型，创建 MetaHuman 实体，并给实体命名（数字人名字），如图 6.12 所示。

图 6.12　导入头像模型

（2）双击上一步创建的头像实体进入编辑窗口，窗口中呈现第一步生成的头像模型，单击窗口上方的"提升帧""追踪活动帧"按钮，效果如图 6.13 所示。

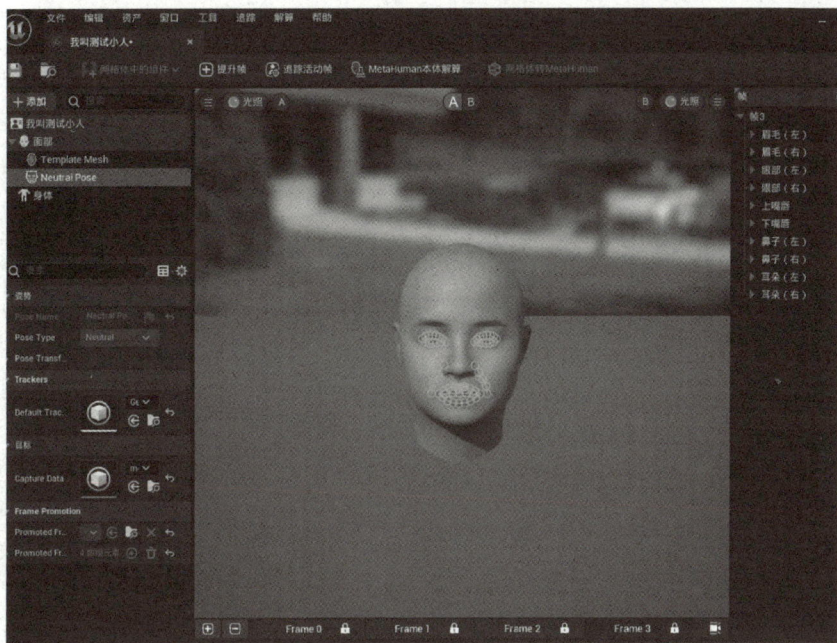

图 6.13　追踪活动帧

（3）在 UE5 中打开 Bridge 插件，登录账号，只显示 UE Logo 的就是刚刚创建的虚拟数字人。选中 Logo 模型，单击 START MHC 进入 MetaHuman Creator 网页，完成进一步模型加工，如图 6.14 所示。

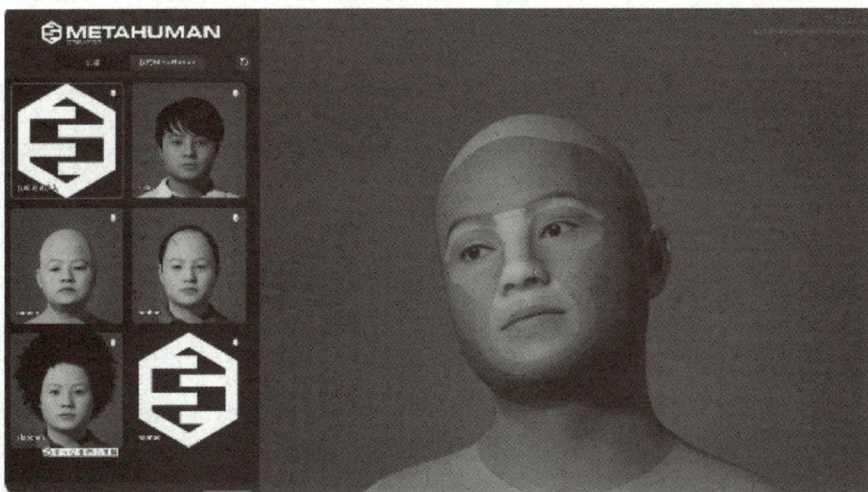

图 6.14　模型优化

步骤三　调整虚拟数字人

根据各人需求和审美，对骨骼、肤色、头发、牙齿、身体和表情动作等进行调整。

111

步骤四　下载虚拟数字人并加载到 UE5 中

（1）打开 Bridge 插件单击 Download 按钮，如图 6.15 所示。

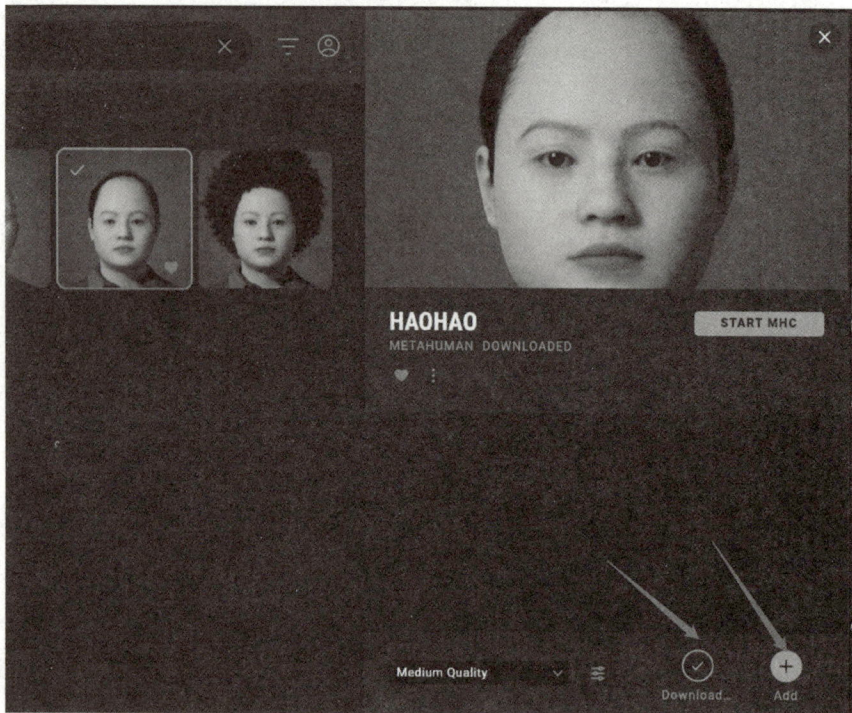

图 6.15　下载数字人并加载到 UE5 中

（2）将生成的虚拟数字人模型添加到 UE 项目中，工程项目文件中多了一个 MetaHuman 的文件夹，可将该虚拟数字人移动到相关的场景中进行 VR 主题制作，如图 6.16 所示。

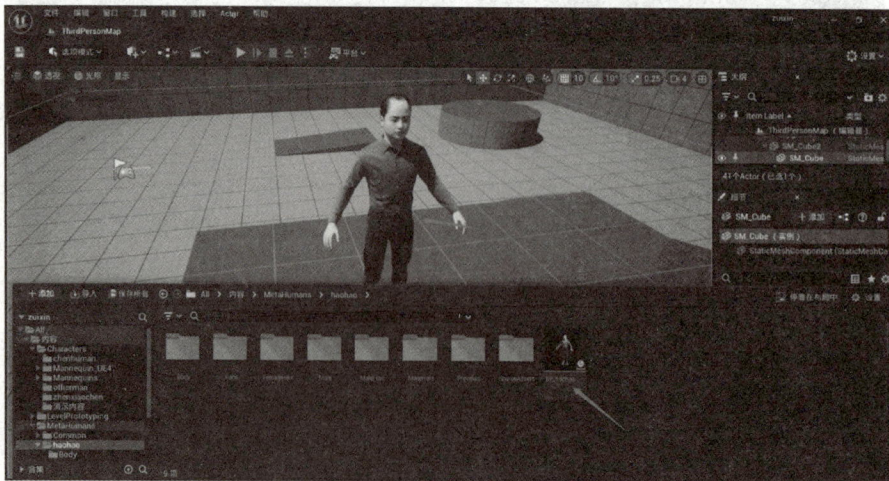

图 6.16　添加小人到项目中

（3）操作完成，欣赏虚拟数字人成果。

任务思考

虚拟数字人是否应该和真实公民一样拥有身份 ID？

为了确保虚拟数字人在知识产权方面的合法性、安全性，业内部分人士呼吁授予虚拟数字人身份 ID。2023 年 4 月 26 日是世界知识产权日，虚拟数字人"元视"被授予首个具有权威身份认证的虚拟数字人"身份证"，具备了"有法可依"的身份证明和权益保障，对于虚拟数字人行业意义非凡。今后，每个虚拟数字人都应该拥有"身份证"。

课后拓展

2023 年爆火的 ChatGPT 将虚拟数字人推向新的热潮。ChatGPT 将赋予虚拟数字人"最强大脑"。作为连接元宇宙的重要节点，AI 赋能下的虚拟数字人的未来将如何发展？请大胆畅想一下。

任务 6.2　探寻虚拟数字人应用场景

情境描述

很多影视剧中也启用了超写实数字人，拥有与真人极度相似的外形，获得广大观众的关注。虚拟数字人除了在影视行业的价值已有目共睹，在教育、泛娱乐、金融、零售等领域的应用场景已趋于成熟。请了解虚拟数字人在不同行业的应用状况，选取其中一个领域，从市场需求情况和应用前景等维度撰写"虚拟数字人 +"解决方案报告书。

学习目标

素质目标	感受科技对人生活品质的改变，强化"科技是第一生产力"的认知
知识目标	1. 了解虚拟数字人在不同领域的应用情况； 2. 了解"虚拟数字人 +"解决方案带来的利弊
能力目标	能够科学系统地对虚拟数字人的应用情况进行剖析和归纳，并用高效、系统化的方法完成重点信息梳理

建议学时

4 学时。

知识加油站

一、虚拟数字人市场消费需求

虚拟数字人产业链上游是内容制作类、工具类和 IP 策划类公司，中游是虚拟数字人等各种厂商，下游应用领域涵盖影视娱乐、文旅、金融、教育、医疗等，如图 6.17 所示。

图 6.17　虚拟数字人产业链图谱
（资料来源：头豹研究院 .）

根据市场消费需求，可将虚拟数字人下游市场消费划分为制作完消费、制作即消费、全智能虚拟数字人，三者并不孤立存在，下游应用领域可相互渗透发展，如图 6.18 所示。

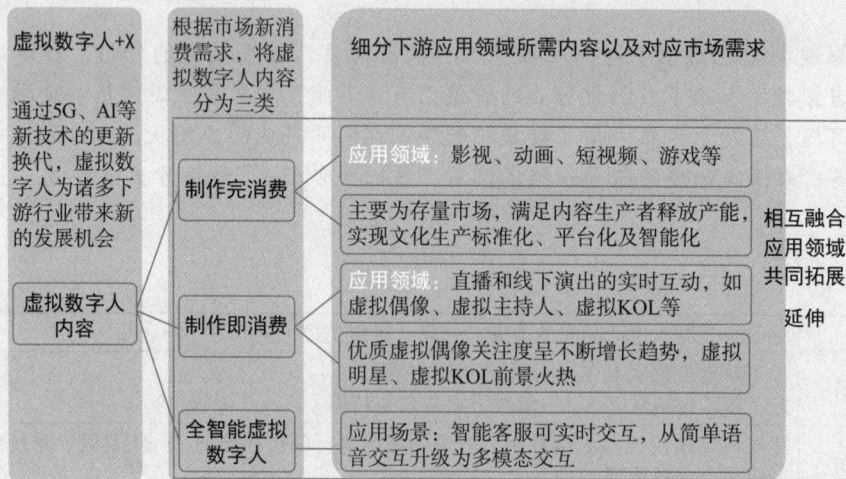

图 6.18　虚拟数字人下游市场消费解析
（资料来源：猎豹研究院 .）

二、虚拟数字人应用层分类及特点

按照功能特征，虚拟数字人主要分为服务型虚拟数字人和身份型虚拟数字人，如

表 6.1 所示。服务型虚拟数字人具有功能性，能够代替真人服务，完成内容生产以及一些简单的工作，降低已有服务型产业的成本。身份型虚拟数字人具有身份性，多以虚拟数字 IP 或偶像呈现，能够为未来的虚拟世界提供人的核心交互中介。

表 6.1　中国虚拟数字人类型及功能分类

功　能	服务型虚拟数字人	身份型虚拟数字人
定位	功能性，提供服务	身份性，用于娱乐 / 社交
核心功能	• 替代真人服务，完成内容生产、简单功能 • 多模态 AI 助手，提供日常陪伴、关怀等服务	• 虚拟 IP、偶像，推动虚拟内容生产 • 个人在虚拟世界中的第二分身，用于社交娱乐及元宇宙
代表应用	• 虚拟主播、虚拟员工、标准化内容制作 • 虚拟关怀师、虚拟陪伴助手	虚拟偶像、VR Chat
产业价值	• 降低已有服务型产业的成本，为存量市场降本增效 • 提升 AI 助手的交互效果，扩展其接受度与适用场景	• 为未来的虚拟世界提供人的核心交互中介，在增量市场创造新的价值增长点 • 降低虚拟内容的门槛制作

按照应用场景或行业的不同，已经出现了娱乐型虚拟数字人（如虚拟主播、虚拟偶像）、教育型虚拟数字人（如虚拟教师）、助手型虚拟数字人（如虚拟客服、虚拟导游、智能助手）、影视虚拟数字人（如替身演员或虚拟演员）等。不同外形、不同功能的虚拟数字人赋能影视、传媒、游戏、金融、文旅等领域，根据需求为用户提供定制化服务，如表 6.2 所示。

表 6.2　虚拟数字人应用领域、场景及充当角色

领域	场　　景	角色
影视	数字替身特效可以帮助导演实现现实拍摄中无法表现的内容和效果，已成为特效商业大片拍摄中的重要技术手段和卖点	数字替身、虚拟演员
传媒	定制化虚拟主持人、主播、偶像，支持从音频、文本内容的一键生成视频，实现节目内容快速、自动化生产，打造品牌特有 IP 形象，实现观众互动，优化观看体验	虚拟主持人、虚拟主播、虚拟偶像
游戏	越来越真实的虚拟数字人游戏角色使游戏者有了更强的代入感，可玩性变得变强	数字角色
金融	通过智能理财顾问、智能客服等角色，实现以客户为中心的、智能高效的人性化服务	智能客服、智能理财顾问
文旅	博物馆、科技馆、主题乐园、名人故居等虚拟小剧场、虚拟导游、虚拟讲解员	虚拟导游、虚拟讲解员
教育	基于 VR/AR 的场景式教育，虚拟导师帮助学生构建自适应、个性化学习环境	虚拟教师
医疗	以虚拟数字人实现家庭陪护、家庭医生、心理咨询，实时关注家庭成员身心健康，并及时提供应对建议	心理医生、家庭医生
零售	电商直播中虚拟数字人与真人主播和观众互动、介绍商品	顾客服务数字人、商家管理数字人、虚拟主播

![任务实施]

虚拟数字人技术的进步和成熟让越来越多的影视剧中有了虚拟数字人的身影。实际上，虽然当前虚拟数字人在许多行业都有了应用，但虚拟数字人技术较为广泛的应用依然是在影视方向上。接下来深度剖析"虚拟数字人+"解决方案在影视行业的应用。

步骤一　调研虚拟数字人赋能影视行业目前规模

特效电影市场认可度较高，随着人工智能、计算机视觉、动作捕捉技术的提升，中国影视虚拟数字人得以快速发展，2019年特效电影市场已有64.3亿元人民币规模。

目前影视行业已有成熟的盈利模式，虚拟数字人特效技术更容易在影视行业中获得收益，利于先进技术的尝试开发。反之，特效技术的不断进步也使影视的真实度不断提高，观众的观感更好、代入感更强，可以更好地带动票房。另外，影视行业数字替身特效技术已经可以创建接近真人的虚拟角色。国内特效、CG公司整体实力水平较美国好莱坞有一定差距，主要是由于国内特效起步相对晚，制作体系不完善。但《流浪地球》《哪吒之魔童降世》《战狼2》等电影在阶段性展现了国内特效团队的实力，国内仍不乏高水平公司存在，如原力动画、数字王国等。

步骤二　预估虚拟数字人在影视行业发展潜力

相较于传统虚拟内容制作质量差、效率低、周期长、成本高、互动弱等问题，虚拟数字人以其特有的优势创建出与现实不同的虚拟角色，例如，怪兽、外星人或者神话中的生物。虚拟数字人还能扮演无法在现实中出现的角色，如巨人。

随着制造技术逐步成熟及成本不断下降，超写实虚拟数字人越来越多地出现在国内电视、电影、综艺等场景中，并迅速捕获了年轻消费群体。2022年8月，蔚领时代与海西传媒共同推出了虚拟数字人演员"春草"。在2022年11月开机的《平行之翼》科幻短篇集中使用了"宫玖羽"虚拟数字人。随后在2023年8月播出的《异人之下》电视剧中，阿里大文娱技术团队自研的超写实数字人"厘里"在剧中饰演二壮角色。未来虚拟数字人将通过影视作品越来越多地出现在大众视野中，赋能影视产业创新发展。

![知识窗]

　　我国陆续出台政策支持特效类电影发展，大力扶持文化科技产业发展，加强对于虚拟现实技术研发与运用，并对入驻文化影视基地等科技企业予以租金减免，促进以科幻电影特效技术发展引领带动电影特效水平整体提升。

步骤三　探究虚拟数字人的制作优势

虚拟数字人具备技术、流程、角色高度智能化与标准化优势，如表6.3所示。

表6.3　虚拟数字人制作优势

优　　势	详　　情
制作技术智能化	智能扫描、智能建模、智能绑定、集成渲染、语音合成、情感表达
流程管理标准化	• 智能化全流程制作； • 规模化、高质量、高效率制作和打造多类型虚拟数字角色
角色打造规模化	• 虚拟角色包括卡通、二次元、超写实类型； • 完成AI表演动画、特效、变声等流程

步骤四　列举虚拟数字人赋能影视创作的典型案例

1. CG 人物制作

融合虚拟数字人技术《哪吒之魔童降世》代表了中国文化传承与创新的媒体表达，电影采用了先进的动画制作技术，包括计算机生成的图形和特效。这些技术使得电影中的角色和场景更加栩栩如生，呈现出令人惊叹的视觉效果。特别是在呈现神话元素和魔法战斗时，这些技术让观众感受到了全新的沉浸式体验。

2. AI 换脸

在真人影视方面，AI 换脸技术可以更好地替换影片的参演演员。2019 年，B 站博主将《射雕英雄传》中某香港演员的脸替换成某内地演员，视频在网络走红。

3. 短视频制作

在短视频方面，虚拟数字人甚至可完全担任演出的主角，并撑起百万级别的账号。会捉妖的虚拟美妆达人——现象级虚拟数字人柳夜熙于 2021 年 10 月 31 日发布了第一条视频，仅以此视频登上热搜，获赞量达到 300 多万，同时涨粉丝数上百万。

任务思考

真人影视明星频频爆出丑闻，形象遭遇塌方，为其出演的影视作品带来巨大的损失。基于以上风险，在元宇宙加速下，影视制作方顺应时代的发展，引入虚拟数字人参演影视作品，除了享受技术红利，会带来哪些潜在的危机？

知名虚拟数字人
案例列举

课后拓展

虚拟数字人除了在影视行业颇有建树外，在金融领域的价值也不容小觑。受制于传统金融机构高人力成本、差异化服务质量以及低交互性自主服务的制约，国内外金融机构高度重视金融科技投入，虚拟数字人就是其中重点关注对象。请结合虚拟数字人在影视行业的分析经验，思考虚拟金融助手的未来发展前景，并描绘其应用图谱。

项目自测

1. 知识检测

（1）虚拟数字人的底层技术有哪些？

（2）简述虚拟数字人的发展历史。

（3）世界上第一位虚拟数字人是谁？请讲讲他 / 她的故事。

（4）创建虚拟数字人需要哪些步骤？

2. 话题思考

（1）虚拟数字人的行业应用会带来一些消极因素吗？

（2）基于 AI 技术的进步，请预估虚拟数字人未来的发展方向。

学习成果实施报告书

题目					
班级		姓名		学号	

任务实施报告

应该赋予虚拟数字人社会身份吗？你如何看待这个问题？请简述你的思考，并谈谈你对虚拟数字人的信任度如何。

考核评价（按10分制）

教师评语：	态度分数	
	工作量分数	

考评规则

工作量考核标准如下。

1. 任务完成及时。

2. 论点提出合理。

3. 陈述条理清晰，文本流畅，逻辑性强。

奖励：观点新颖，加1分；图文并茂，加1分。

惩罚：没有完成工作量，扣1分；故意抄袭实施报告，扣5分。

虚拟现实全景校园漫游制作

项目导读

全景图片可让用户捕捉比普通图片更多的空间。拍摄者可以使用广角镜头相机（自动相机模式或手动模式拍摄）和全景一体机（如Insta360）完成全景拍摄，对于前一种选择，拍摄者需要特殊设备和全景合成软件生成一张全景图。本项目将详细讲解如何用全景一体机和720云平台来制作全景图片。

任务 7.1　　VR全景图片拍摄

情境描述

受学校招生办委托，以全景图片的方式为新生提供认识校园的机会，让他们感受校园之美，提前熟悉学校环境，逐渐培养校园归属感，为入校做准备。作为学长学姐，请主动发掘校园内的美好景致，选择其中一角，使用Insta360全景相机，拍摄全景图片。

学习目标

素质目标	提升校园主人翁意识，树立发现校园之美的意识
知识目标	1. 了解全景图片的起源和概念； 2. 了解全景图片的制作原理
能力目标	掌握Insta360全景相机的拍摄技巧

建议学时

4学时。

知识加油站

一、全景图片的起源

"全景"一词出自希腊语，寓意为"全部的东西、可看见的视野"，这个词的意思就是全视角。全景图片的实现方式很多，从 18 世纪至 19 世纪中期的摄影全景，到现在基于计算机图像处理技术的数字全景，都验证了全景图片制作的发展历程。

我国传世画作、北宋画家张择端绘制的《清明上河图》就是广为人知的经典全景图之一，这幅作品属于平面全景，图中的事物之间没有景深关系，如图 7.1 所示。

图 7.1 《清明上河图》部分场景展示

二、全景的概念

全景（panorama）是指符合人的双眼正常有效视角（大约水平 120°，垂直 135°，见图 7.2）或包括双眼余光视角以上，乃至 360° 完整场景范围拍摄的照片。本项目提到的 VR 全景，是一种基于计算机图像绘制技术生成真实感的虚拟现实技术，它是通过相机环绕四周拍摄的一组或多组照片拼接成的全方位图像。

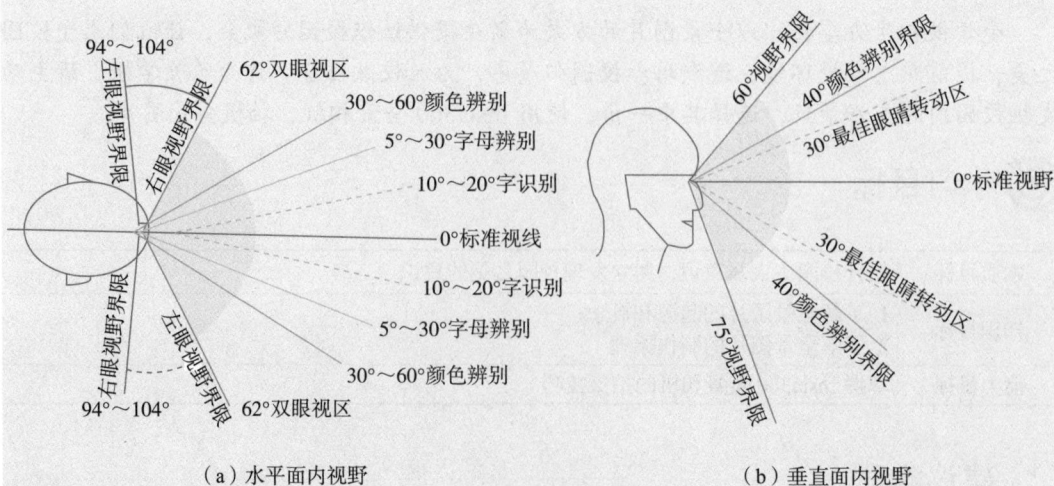

（a）水平面内视野 　　　　　　（b）垂直面内视野

图 7.2 人的双眼有效视角

三、全景技术对VR全景的影响

全景技术对 VR 全景的发展和应用起到了重要的推动作用。全景技术通过将相机环 360° 拍摄的一组或多组照片拼接成一个全景图片，为 VR 全景提供了基础的视觉数据。这些全景图片是构建 VR 全景的基础，使得用户能够在虚拟环境中获得全方位的视觉体验。全景图片的分辨率和拼接技术的提升，使得 VR 全景的画质更加清晰，用户体验更加流畅。

总的来说，全景技术为 VR 全景提供了基础的视觉数据，增强了用户的沉浸感，降低了制作成本，拓展了应用领域，并促进了技术创新。随着技术的不断进步，全景技术将继续为 VR 全景的发展做出更大的贡献。

四、VR全景的特点

VR 全景的特点主要体现在三维立体展示、沉浸式体验、信息多样化以及交互性强等方面。

1. 三维立体展示

VR 全景通过将多组图片拼接合成，形成一个完整的全景图片，再通过计算机技术构建出虚拟的三维环境。这种展示方式使得场景空间更加可视化，用户能够从多个角度观察场景，获得更强的沉浸感和真实感。

2. 沉浸式体验

VR 全景支持步进式漫游，让用户能够在虚拟空间里沉浸式游览。这种全新的互动方式增强了用户的沉浸感和体验感，使得 VR 全景更具吸引力。

3. 信息多样性

VR 全景不仅支持静态的图片展示，还可以内置文字、图片、视频等信息以标签的形式嵌入 VR 空间中。这种多种信息的传达和展示形式，在虚拟空间中扩展了现实边界，大幅度提升了信息传达效率。

4. 交互性强

与传统的平面图片或视频相比，VR 全景提供了更为丰富的视觉体验和交互性。用户可以通过操作与全景内容进行互动，如放大、缩小、移动视角等，从而获得更加个性化的体验。

五、VR全景的分类

1. VR 实景全景

VR 实景全景是指通过相机拍摄现实中真实场景的全景图片，然后通过软件进行拼接和处理，形成 360° 全方位展示的图片。实景全景能够提供高度真实的视觉体验，让用户仿佛亲临其境。同时，由于是真实场景的拍摄，用户可以通过 VR 设备自由探索环境，增加了互动性和沉浸感，一般广泛应用于旅游景点、城市宣传、商业综合体、房地产、校园、培训机构以及企业宣传等。

2. VR 虚拟全景

VR 虚拟全景是指没有真实存在的场景，而是通过软件技术设计渲染出的场景，并通过专门的互联网 VR 平台完成全景展示。虚拟全景可以创造出现实中不存在的场景，为用户提供无限的想象空间。同时，由于是完全由计算机生成，虚拟全景可以实现 720° 的无死角观看，这是实体拍摄无法达到的。虚拟全景主要应用于工程设计、装饰设计、虚拟展馆等领域。此外，也常用于产品搭建，如古董、宝石、名画等的虚拟展示。

六、VR全景技术的应用领域

VR 全景技术是一种新兴的展示技术，利用其 720° 的全方位展示特点，可为使用者提供身临其境的观看体验。目前，随着 VR 产业的兴起，VR 全景技术在各类场景、行业中的应用价值逐渐被挖掘，同时，人们也发明了各种各样的全景拍摄设备，并纷纷运用于场景展示、新闻报道、赛事直播等领域。后来又出现了一种全新的电影形式——全景电影，即 VR 电影。在 VR 电影中，观众将不受控于导演的拍摄角度，而是可以尽情享受 360° 地自由观看，产生了一种全新的观影体验。在新闻传媒领域，VR 全景的出现改变了传统媒体形态平面世界的感官体验，创建与真实环境相似的场景，提供身临其境的感觉。让观众亲身去经历、亲身去感受比空洞抽象的说教更具有感染力。

任务实施

步骤一　选定拍摄场景

全集补天素材的使用技巧　全景图片补天素材

选择拍摄场景不仅包含对拍摄区域的确定，还包括对具体拍摄点的选定。一般来说，最佳拍摄点和最佳观赏点是统一的。在正式拍摄之前，建议先提前踩点，提前确定最佳拍摄位置。拍摄时间尽量选择天气晴朗、人员流动小的时间区间，拍摄效果更佳。

🏷 小贴士

如何对在阴天、有乌云的天气下拍摄的全景图进行后期补救？如何拥有晴空万里、白云满天的全景图？这些可以用全景天空补天素材来处理，多云、晚霞、黄昏、卷云等各类天空场景均可实现。

步骤二　Insta360 相机拍摄前准备

拍摄前要检查相机的电量和内存空间，为顺利拍摄做好准备。

步骤三　下载安装相机控制器 App

在 Insta360 官网中锁定导航栏下载模块，如图 7.3 所示，下载 Insta360 的相机和手机稳定器控制 App，在手机端安装 App，方便后续拍摄时的相机控制和照片导出。

图 7.3 Insta360 App 下载界面

步骤四 配置手机 App 和相机

短按相机侧面电源键开机，启动 Insta360 App，点击页面下方的相机图标（确保手机此刻开启蓝牙和 Wi-Fi），选择相机名称进行连接，如图 7.4 所示。

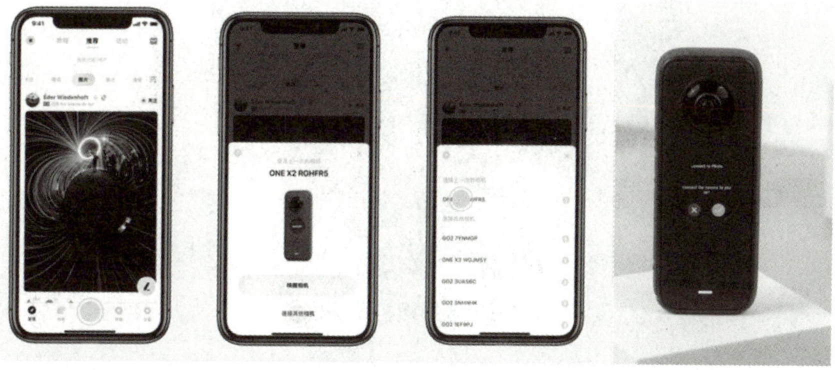

图 7.4 配置全景相机网络操作示意

步骤五 拍摄校园全景图

将相机固定放置，可通过相机快门键进行图片拍摄，如图 7.5 所示，也可通过 App 实现相机拍摄控制。

图 7.5 通过相机快门键进行图片拍摄

任务思考

"清晰的画质、鲜艳的色彩"是我们衡量一张图片质量的基本要求。如何拍摄高品质的 VR 全景图？我们可以从前期拍摄和后期处理两个维度努力。在拍摄前期，通过将拍摄参数调制最高、选择充足的光线环境、相机色彩设置为"鲜艳"等方式进行准备。在后期图片编辑中，通过调整色彩增强功能、选用合适的滤镜效果，来提升全景图质量。

小贴士

全景相机的镜头采用了"鱼眼"镜头，呈凸起形态，在使用过程中要注意保护，在使用结束后及时给相机戴上专用硅胶保护套，是镜头保护的有效举措，也是保证拍摄画质的基础，如图 7.6 所示。

图 7.6　全景相机镜头保护

课后拓展

VR 全景一体机可以帮助我们快速制作全景图，如果没有采购一体相机，可以利用手机相机（或其他单镜头相机），借助图片拼接原理，计算出相邻两张图片的位置关系，在 Kolor Autopano Giga（APG）全景图缝合软件中，将若干张的拍摄素材融合成一张图片，操作要点如下。

1. 场景素材拍摄

用手机相机对目标场景进行 720° 图形捕捉，拍摄时注意相邻图片之间的位置重叠，为后期缝合计算提供线索，拍摄角度的旋转可参照图 7.7。

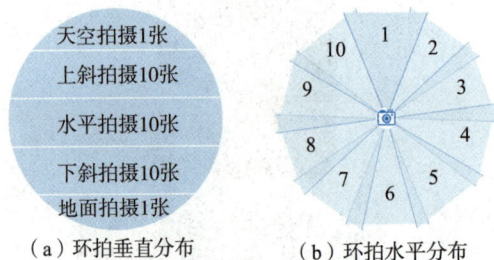

天空拍摄1张
上斜拍摄10张
水平拍摄10张
下斜拍摄10张
地面拍摄1张

（a）环拍垂直分布　　　　　（b）环拍水平分布

图 7.7　用手机拍摄全景图时场景拍摄示意

2. 用 APG 完成全景图合成

APG 的主要用途是帮助用户在短时间内将多张图片缝合为一张 360°视角的全景图。它是一款高度自动化的全景缝合软件，只要求图片拍摄足够清晰、角度正确，即可完成全景图合成。

知 识 窗

全景图合成软件有多重选择，本任务推荐使用 APG，另一款比较常用的全景图合成软件是 PTGui，可根据自己的需求，选择高效、便捷的软件来实现任务目标。

任务 7.2　　VR 全景漫游制作

情境描述

积极开展援外培训，是践行国家"一带一路"发展战略的重要举措。张丹同学是本年度"发展中国家贸易出口研修班"的班级助理，负责本研修班的参观出行事务。本研修班即将赴青岛某贸易特色院校参观学习，请根据提供的校园布局图和部分场所全景图，在 720 云平台中为研修班呈现 VR 漫游导览。

学习目标

素质目标	实践能力、逻辑思考力、感受"一带一路"国家大战略
知识目标	1. 了解全景漫游技术的概念； 2. 了解全景漫游的制作软件和在线平台
能力目标	掌握利用 720 云平台制作 VR 全景漫游的技能

建议学时

4 学时。

知识加油站

一、VR 全景漫游技术概述和应用

所谓 VR 全景漫游，其本质上是带有 VR 播放功能的 HTML 5（H5）网页，因此人们可以很方便地通过网页浏览器观看 VR 全景漫游作品。

VR 全景漫游技术目前的应用场景非常多元化，能够提供丰富的行业解决方案，如

表 7.1 所示。

表 7.1　VR 全景漫游技术赋能不同行业

行　业	解　决　方　案
房产土地	720VR 全景看房、VR 选房 针对房产行业，提供从区域—商圈—楼盘 / 小区—户型 / 房源全方位无缝 VR 全景看房选房体验，大大提升了带看转化率和成交转化率；针对地方土地资源，借助 VR 全景技术，实现 VR 远程看地块、VR 全景选地块
建筑家装	VR 室内设计、VR 施工进度记录、VR 远程云评审 元宇宙 VR 全景技术，提供了 VR 全景室内设计方案、VR 装修隐蔽工艺全记录、VR 全景建筑工程进度管理、建筑工程 VR 远程云评审等应用场景的解决方案，提升了行业效率和服务体验
智慧文旅	VR 智慧景区、全景酒店民宿 聚集"十四五"旅游业发展规划，借助 VR 全景技术，打造线上沉浸式元宇宙游览景区、VR 博物馆、全景酒店民宿等立体文旅空间，实现线上数字化体验引导线下消费转化

行　业	解　决　方　案
学校教育	VR 云逛校、VR 招生、VR 教学、全景大像素毕业照 VR 全景看校园服务，远程沉浸式漫游参观学校环境；虚拟教师介绍学校规划、历史文化、师资力量，辅助学校宣讲招生；软硬件＋海量 VR 全景内容，打造沉浸体验特殊课堂；全景大像素毕业照，打造线上 VR 数字可视化校友毕业存档
数字政企	VR 智慧园区、元宇宙官网、VR 党建 VR 全景动态展示政府、企业、单位办公空间全貌、服务指引、办事指南、党建等服务，配合数字多媒体硬件让线下讲解汇报更精彩
生产制造	VR 智慧工厂、VR 农业、VR 物流 借助 VR 全景技术，线上全方位、透明化展示工厂、农业生产的生产环境、制作流程、品控管理、物流管理等全流程作业，展示品牌实力，提升客户端、消费端的信息

二、VR全景漫游在线制作平台

1. 平台简介

相较于专业的 VR 全景漫游制作软件，VR 全景在线制作平台以学习成本低、便捷分享、展示力强、关注用户体验等优势，深受用户的青睐。目前 VR 全景在线制作平台产品很多，竞争相对激烈，其中，720 云平台以其超强稳定性和使用便捷性受到用户的信任，获得超高用户量。

2. 720 云平台特征

720 云平台支持多场景定制功能，可提供多种场景供制作者选择，如旅游景点、建筑内部、各种商业场馆等。可根据不同场景拍摄限制及动作需求进行精准表现。另外，根据用户需求，配以切换，营造更好的观影体验。制作者将素材上传到该平台后，数据存储支持云端保存，无须再考虑本地存储所带来的成本和操作上的烦琐。同时，上传的全景还能够直接分享至微博、微信和 QQ 空间等社交平台。

3. VR 全景漫游制作平台常见功能解读

常见的 VR 全景漫游制作平台通常拥有丰富的操作工具，可满足不同制作需求，常用功能及解读如表 7.2 所示。

表 7.2　VR 全景漫游制作平台常见功能解读

功能名称	功能解读
全局设置	可全局控制作品中的界面模板、功能开关，和作品相关的基础信息，让所有功能都可按照需求进行控制
热点	支持在场景中添加电话、超链接、图文、视频等 13 类热点，热点图标、标题支持灵活样式设置，满足个性展示需求
导览讲解	通过视频化编辑方式，简单快速添加导览巡游路线来完美匹配 AI 讲解内容，真正做到"讲到哪转到哪"
地图沙盘	基于平面图、户型图、地图，从宏观上展示各个场景的所在位置，让漫游作品更具全局概览性、引导性和规划性
视角设置	可控制视角的初始位置
背景音乐	提供上百首正版音乐，供用户使用
特效设置	可设置 10 多种动态特效，让全景更生动
遮罩设置	可插入一张营销类图片，遮挡瑕疵
字幕公告	在作品顶部滚动显示营销类的信息
标尺标注	针对全景中某一区域进行线段的标注
指北针	为场景设置一个指北针，作为方向参考

任务实施

步骤一　开启作品发布页面

720 云全景漫游制作

单击导航栏"开始创作"→"720 漫游"，进入作品发布页面，如图 7.8 所示。

图 7.8　720 云漫游制作入口

步骤二　上传漫游制作素材

单击"从素材库添加"或"从本地文件添加"按钮，弹出下拉列表，选择提前准备好的校园全景图作为素材，上传于 720 云平台，以创建漫游作品，如图 7.9 所示。

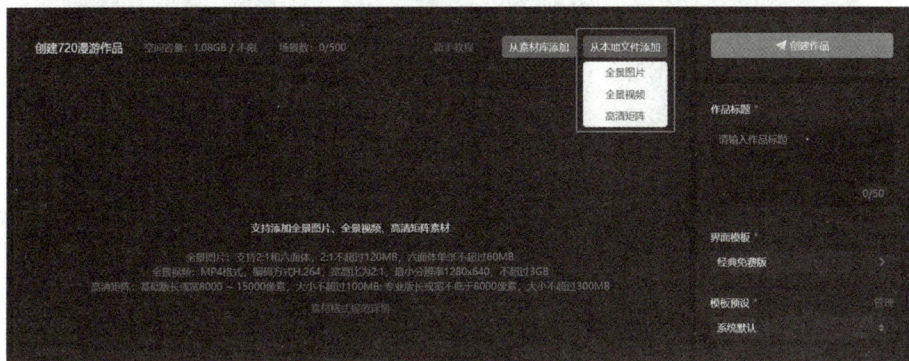

图 7.9　720 云漫游制作平台界面

🔹 小贴士

VR 全景漫游制作平台支持把上传的全景图片、全景视频、高清矩阵三种不同类型的素材制作成一个作品。但是平台对于素材格式是有一定要求的，全景图片和视频均要求 2：1 的尺寸比例。

步骤三　编辑全景素材

根据提供的校园平面图，对导入的全景图素材进行全景设置、初始视角选定和热点添加，其中热点添加是 VR 全景漫游制作的核心。在热点编辑板块，需完成热点类型、图标样式、切换设置、动画设置、标题设置等相关操作，如图 7.10 所示。

图 7.10　720 云热点设置界面

步骤四　VR 全景漫游作品优化

对于已建立交互链接的漫游作品，可以通过添加背景音乐、特效、遮罩等元素来提升作品整体的体验度，如图 7.11 所示。

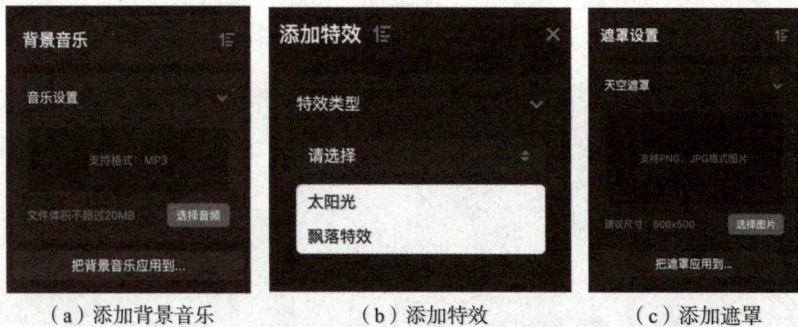

（a）添加背景音乐　　　　　　（b）添加特效　　　　　　（c）添加遮罩

图 7.11　720 云漫游制作中添加背景音乐、特效、遮罩操作

步骤五　漫游作品发布与分享

作品可以通过链接和二维码的形式分享到微信、QQ、朋友圈等社交媒体，也可用代码形式嵌入网站、App 中展示。创作者可在作品管理页面，单击作品后面的"分享"按钮，或者直接单击作品名称在浏览器中打开作品，如图 7.12 所示。

图 7.12　720 云漫游作品分享界面

任务思考

微信小程序具有诸多优势，例如，可便捷地获取和传播，同时具有较好的使用体验，因此成为目前关注度和使用度颇高的一类应用。如果研修班学员需要在微信小程序中打开 720 全景漫游链接，该如何操作？我们需要完成小程序校验，并将 720 全景漫游接入小程序。按照下面的步骤完成下小程序设置操作。

（1）打开微信公众平台，登录微信小程序账号。

（2）单击开发设置页面，下拉找到业务域名，单击"修改"按钮，下载小程序校验文件用于后续上传到 720 云平台。

（3）单击下载校验文件，下载校验文件至本地，微信小程序校验文件为数字及英文混合的 txt 文件。

（4）登录 720 云官网，进入用户工作台，单击左侧导航栏"720 漫游"→"小程序校验"，进入小程序校验服务页面。

（5）单击"新建小程序验证"按钮，填写对应信息，即可获得业务域名。

（6）回到小程序后台配置业务域名页面，粘贴得到的业务域名至任意空白处，单击"保存"按钮，保存成功后将在业务域名中显示，一个微信小程序可绑定 200 个业务域名。

🌐 课后拓展

使用 Insta360 相机拍摄的全景视频也可作为全景漫游的素材，全景视频往往是 2∶1 画面比例的长幅视频，如何拥有沉浸式的 VR 观影体验？不妨去探寻 VR 全景视频的最佳打开方式。

方法一：VR 视频一般是 mp4 格式的视频文件，随着 VR 技术在多媒体领域的渗入，用一般的视频播放器都可以观看 VR 视频，以暴风影音软件为例，具体操作如下：① 在计算机上打开暴风影音软件；② 在右键菜单中，选择"全景"；③ 在全景菜单中，选择"球面全景"即可。

方法二：当制作完成的 VR 视频导入 720 云平台中，上传于素材管理→"全景视频"版块，如图 7.13 所示。720 云平台可在预览窗口对视频场景进行球面贴图处理，为观众提供沉浸式的观影体验，也为后续的全景漫游制作提供素材准备。

图 7.13　全景图片上传于 720 云平台中

✍ 项目自测

1. 知识检测

（1）《清明上河图》属于哪一类全景图？

（2）全景图的三大特征是什么？

（3）人双眼的有效视角范围是多少？

2. 话题思考

（1）虚拟数字人的行业应用会带来一些消极因素吗？

（2）基于 AI 技术的进步，请预估虚拟数字人未来的发展方向。

学习成果实施报告书

题目					
班级		姓名		学号	

<table>
<tr><td colspan="6" align="center">任务实施报告</td></tr>
<tr><td colspan="6">　　请用手机相机环绕拍摄的方式制作一张全景图，要求最终合成的照片中同时存在一个人的三个动作状态，请问这种效果如何实现？拿起相机去试试吧。

</td></tr>
</table>

考核评价（按 10 分制）		
教师评语：	态度分数	
	工作量分数	

考评规则

工作量考核标准如下。

1. 任务完成及时。

2. 全景图成像完整。

3. 全景图无拼接 bug。

4. 图中出现"一人三形态特征"。

奖励：图片色调饱和，加 1 分；图片可顺利上传在线全景平台，加 1 分。

惩罚：没有完成工作量，扣 1 分；抄袭或盗用他人作品，扣 5 分。

掘金未来生态——VR创业

经历了基于键盘操控早期计算机的命令行，基于鼠标操控 PC 端的桌面操作系统，基于触摸屏来操控智能手机的操作系统之后，接下来会是什么呢？正如高盛和 Facebook 的判断，虚拟现实会是下一代计算平台，也会带来巨大的商业价值。

中国 VR/AR 产业创新力不断强化，产业底层技术不断成熟。政府和产业的大力支持，为行业玩家发展创造了优质的环境。无论是科技巨头还是中小型科技企业，都在不断加紧布局 VR/AR 相关技术和应用赛道。硬件、软件、内容、应用齐头并进，力图在产业链条中开拓发展空间，甚至成为行业的掌舵者。

一、虚拟现实产业图谱

虚拟现实产业链可分为硬件、软件、内容和应用四大模块，各模块之间协同共生，缺一不可，如附图 A.1 所示。

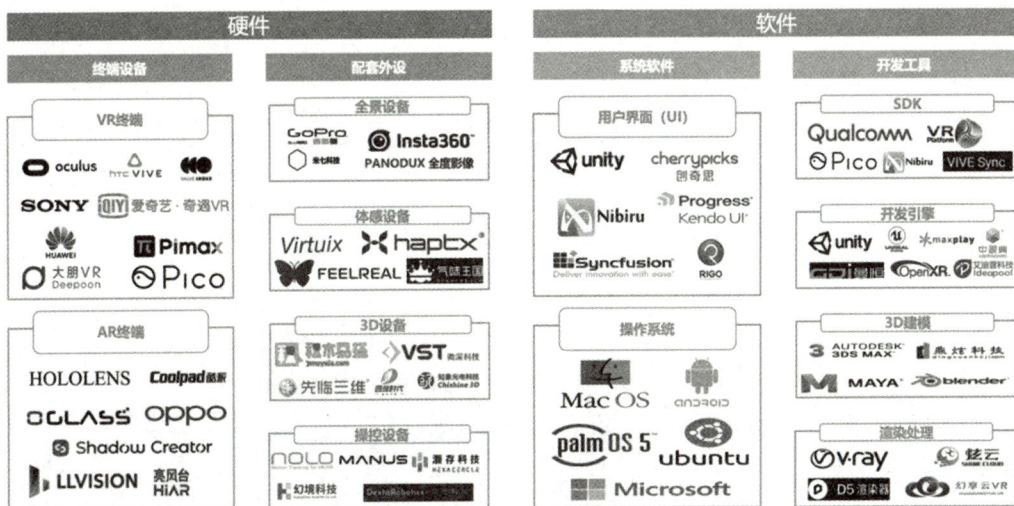

附图 A.1 虚拟现实产业图谱

附图　A.1（续）
（资料来源：亿欧智库．）

硬件包括核心元器件、感知交互、终端、配套外设等。软件包括操作系统和 UI，工具软件主要是 SDK、开发引擎、建模工具、渲染软件等。内容包括游戏、影视、直播、社交等。应用包括消费端的应用和企业端的应用。企业端常见的应用有医疗健康、教育培训、军事安防、工业生产等行业。消费端的应用仍然以娱乐为主。

二、创新创业类型

基于虚拟现实主题的创新创业项目一般分为内容应用型、硬件型和综合解决方案型，三大类创业型企业核心能力雷达图如附图 A.2 所示。

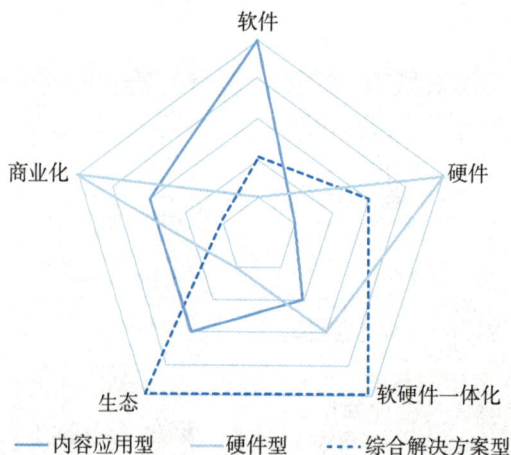

附图 A.2　三大类 VR 创业型企业核心能力雷达图

1. 内容应用型

虚拟现实硬件产品经历几轮更替，在眩晕感和恐怖谷问题上已经迎来巨大突破。但是即使如此，单一的内容也无法产生复购，最终用户不会多次为同一内容买单，所以从另一个角度看，虚拟现实的内容生态蕴藏了无数商机。内容应用型的创业模式，覆盖游戏、家装、直播等领域，聚焦于软件开发、软硬件一体化、生态融合力等。国内VR产业发展核心需解决一体机内容生态缺失问题，方法包括自研符合国内生态的VR内容和引入海外优质游戏两条路径。

2. 硬件型

硬件型创业项目因为要兼顾设备的研发和生产，一般需要投入的资金比较多，但更易获得资本青睐，倾向于自建软件应用生态，较少与产业链各方联系。

3. 综合解决方案型

综合解决方案型创业项目一般专注于软硬件一体化及构造开放产业链生态，目前投资回报状况良好，发展潜力不容小觑。

三、VR创业者发力点

作为一名虚拟现实领域的创业者，建议从以下几点发力。

适合 VR 专业的同学参加的创新大赛

1. 汲取成熟行业经验

虚拟现实作为全新的媒介，有着以往媒介所没有的无边界、沉浸感、排他性的特点，但是基于虚拟现实的应用和内容生态还远没有到充分建立的时候。因此在蓝海阶段，需要抓住创业时机，从传统的内容生态汲取营养，再结合虚拟现实的特性，寻求入局的契机。

2. 填补产业链的空白

在VR产业链早期，最关注的是头盔显示器，于是很多企业入局，成为头戴式显示器的创业公司。几年时间，各类的头盔显示器品牌如雨后春笋般出现在了消费者眼前。后来内容制作火了，于是又有一大批做内容的公司涌现。风口虽然"氧气"多，但是也充满了各种竞争风险。为了寻求合适的入局通道，更应根系虚拟现实整个产业链，例如，在从IP到CP、再到渠道、最终抵达用户端的链条上查漏补缺，识别哪里不完善、哪里有空缺。从这些漏洞入手进行创业，竞争者相对较少，也更容易把握主导权，从而稳固行业地位。

3. 抓住 C 端用户

国内消费级VR生态仍处于早期发展阶段。中国VR设备消费主要集中在工业、教育、培训等B端应用场景，国内C端VR用户占比不到全球的10%。但值得注意的是，近几年VR产业呈加速发展态势，随着技术的普及、政策的推进，C端用户的教育周期将逐步缩短，C端市场也将逐步打开，迎来全新的发展机遇。

四、风险提示

1. 新技术发展不及预期

VR/AR技术尚处于发展初期，用户渗透率较低。未来产业发展核心看关键技术驱动用户体验升级，若技术迭代不及预期，相关公司可能发展受限。

2. 政策监管风险

VR当前核心应用为游戏领域，面临较为严格的政策监管，若颁布其他不利政策，对消费级VR应用领域将产生一定负面影响。

虚拟现实技术面临的法律风险和应对措施

虚拟现实技术为各种行业创造新的可能性，广泛应用于各个领域。然而，这些新兴技术也带来了一系列的法律风险，涉及隐私、知识产权、责任等方面。

一、知识产权侵权风险

VR 和 AR 技术应用中存在未经授权使用他人知识产权作品的风险，包括使用他人的图像、音乐、品牌标识或其他受版权保护的素材。如果未能获得权利人的明确授权、使用不符合版权规定的素材，就可能面临知识产权侵权的指控。

1. 应对措施

为避免侵权风险，VR 和 AR 应用开发者应该确保在应用中使用的所有素材都是合法的，要么获得了版权持有人的明确授权，要么使用符合开放源代码或版权许可的素材。此外，应该建立良好的知识产权管理机制，对用户上传的内容进行审核和监控。

2. 举例说明

一个 VR 应用使用了一张知名摄影师拍摄的风景画作为场景背景，但未获得版权持有人的授权，可能面临版权侵权诉讼。版权持有人有权要求应用开发商停止使用其摄影作品并寻求赔偿。

二、身体伤害风险

使用 VR 设备时，用户可能面临伤害身体的风险，如晕眩、头痛、恶心、眼部不适等。这些不适可能由于设备的穿戴不当、内容的刺激性或过度使用等原因造成。

1. 应对措施

为了减轻身体伤害风险，VR 和 AR 设备制造商应提供明确且详尽的产品说明手册，告知用户使用时可能出现的不适反应，并建议适量使用并休息。对于有严重疾病（如高血压、心脏病、心理疾病等）的使用者，应慎重使用 VR 设备。此外，设备的舒适性和安全性也是需要关注的重要因素，如合适的重量分配、视觉调节和适应性等。

2. 举例说明

一个 VR 体验中的高空作业模拟可能导致用户晕眩和恶心，因未提供警示而引发纠纷。用户可能要求赔偿或要求制造商改进设备的设计以减少不适反应。

三、虚拟财产争议

在 VR 和 AR 环境中，用户可能拥有虚拟财产，如虚拟货币、虚拟物品或虚拟土地等。然而，虚拟财产的所有权和交易可能引发争议，如争议产权、交易纠纷和欺诈行为。

1. 应对措施

为了减少虚拟财产争议，需要建立明确的虚拟财产所有权制度，并提供安全可靠的交易平台，确保虚拟财产的买卖和转让过程合法、透明和安全。此外，可以借鉴区块链技术的不可篡改性和可追溯性，确保虚拟财产的产权记录和交易历史的可验证性。

2. 举例说明

一个 VR 线上购物店中的虚拟物品交易平台出现安全漏洞，导致用户的虚拟财产被盗取或交易被篡改，引发用户之间的纠纷和争议。

四、隐私保护风险

使用 VR 和 AR 技术时，个人信息的收集、存储和处理可能会涉及隐私法规的违规问题。这些技术通常需要收集用户的位置数据、行为习惯以及身体反应等敏感信息，如果未经用户的知情同意或未采取充分的安全措施，可能会引发隐私泄露和滥用的风险。

1. 应对措施

为了减轻隐私风险，VR 和 AR 技术提供商应该确保用户在使用前完全了解其个人信息将如何被使用，并获得明确的知情同意。此外，数据的安全存储和传输也是至关重要的，可以采用加密技术、访问控制和安全认证等手段来保护用户的个人信息。

2. 举例说明

一款 AR 游戏在用户注册时强制收集用户的详细个人信息，包括姓名、家庭住址和手机号码等，但未经用户同意将这些信息售卖给房地产开发商，涉嫌违反隐私法规。用户可以向相关监管机构投诉，并要求游戏开发商停止滥用个人信息，情况严重者可起诉赔偿。

五、公共安全风险

在 AR 应用中，用户可能因为沉迷于应用而分散注意力，从而造成交通事故或其他公共安全事件。例如，在行人拥挤的地方使用 AR 应用时，用户可能没有意识到周围的真实环境，导致与其他行人碰撞或摔倒。

1. 应对措施

为了减轻公共安全风险，AR 应用应提供充分的警示和安全提示，鼓励用户在安全环境中使用，并遵守交通规则和社交礼仪。此外，可以采用虚拟现实模拟的方式，让用户在虚拟环境中体验相关场景，以增强对现实环境的认知和警觉。

2. 举例说明

一个 AR 导航应用未提供足够的警示，导致用户在驾驶时因看手机屏幕而发生交通事故，可能会引发法律纠纷和责任追究。

六、虚拟暴力和淫秽内容风险

在 VR 和 AR 应用中，用户可能遭遇虚拟暴力或淫秽内容，引发道德争议和法律诉讼。这包括涉及性暴力、虚拟虐待和色情内容等。

1. 应对措施

为了减轻虚拟暴力和淫秽内容的风险，VR 和 AR 应用提供商应建立内容审核机制，禁止或限制虚拟暴力和淫秽内容的发布和传播。此外，提供商也应提供举报机制，使用户能够报告违规内容。

2. 举例说明

一个 VR 游戏中出现虚拟暴力场景，引发道德争议和公众抗议，可能导致游戏被下架或制作商面临法律诉讼。

七、总结

VR 和 AR 技术的应用给人们带来了许多创新和乐趣，但也带来了法律风险。在使用这些技术时，各方应意识到相关的法律和合规问题，并采取适当的措施来减轻风险。同时，相关的监管机构和行业组织也应积极制定相应的法规和标准，以促进 VR 和 AR 技术的健康发展。

参 考 文 献

[1] 汪萍，蔡金凤. 虚拟现实技术导论（微课版）[M]. 北京：中国水利水电出版社，2021.

[2] 喻晓和. 虚拟现实技术基础教程 [M]. 北京：清华大学出版社，2021.

[3] 王康，肖蓉，赖晶亮，等. 虚拟现实技术导论（微课版）[M]. 北京：人民邮电出版社，2023.